U0171362

YANGHUA HUANYUAN FENZISHAI：
SHEJI、HECHENG YU YINGYONG SHILI

氧化还原分子筛：
设计、合成与应用实例

王玮璐　张贤明／著

西南财经大学出版社
中国·成都

图书在版编目(CIP)数据

氧化还原分子筛:设计、合成与应用实例/王玮璐,
张贤明著.--2 版.--成都:西南财经大学出版社,
2024. 6--ISBN 978-7-5504-6223-6

Ⅰ. TQ426. 99

中国国家版本馆 CIP 数据核字第 2024Y5U445 号

氧化还原分子筛:设计、合成与应用实例(第二版)
王玮璐　张贤明　著

责任编辑:李特军
责任校对:陈何真璐
封面设计:墨创文化
责任印制:朱曼丽

出版发行	西南财经大学出版社(四川省成都市光华村街 55 号)
网　　址	http://cbs. swufe. edu. cn
电子邮件	bookcj@ swufe. edu. cn
邮政编码	610074
电　　话	028-87353785
照　　排	四川胜翔数码印务设计有限公司
印　　刷	四川五洲彩印有限责任公司
成品尺寸	170 mm×240 mm
印　　张	12. 75
字　　数	217 千字
版　　次	2024 年 6 月第 2 版
印　　次	2024 年 6 月第 1 次印刷
书　　号	ISBN 978-7-5504-6223-6
定　　价	88. 00 元

1. 版权所有,翻印必究。
2. 如有印刷、装订等差错,可向本社营销部调换。

前言

　　氧化还原分子筛是分子筛催化剂中较为特殊的一个门类，通过将过渡金属这类具有氧化还原催化活性的元素限制于分子筛内部进而赋予分子筛独特的氧化还原催化性能。其骨架结构与氧化还原酶中的蛋白质外膜有明显的相似之处，因此这些材料也被称为"矿物酶"，可广泛应用于醇类脱氢、烯烃环氧化等诸多精细化工反应，具有非常重要的研究价值。然而，该系列材料目前尚处于基础研究阶段，即使已经工业化的 TS-1 也由于其氧化还原活性位的含量少及对其性质的认知尚不深入，导致其工业应用十分受限。因此，进一步加深对氧化还原分子筛理化性质的理解与认识，是十分必要的。

　　本书共分为六章：第一章简要介绍了氧化还原分子筛，第二章对氧化还原分子筛的合成与制备进行了介绍，第三章介绍了以 TS-1 为代表的硅酸盐氧化还原分子筛体系，第四章介绍了磷铝酸盐氧化还原分子筛体系，第五章介绍了以 OMS 为代表的锰系氧化还原分子筛体系，第六章则介绍了以 PKU-n 系列为主的硼铝酸盐氧化还原分子筛体系。

　　本书汇集了诸多学者及笔者在氧化还原分子筛领域的多年研究成果和取得的最新进展，展现了不同种类氧化还原分子筛的合成、改性及催化应用，阐述了研究者们在设计及合成该系列材料中的一般理念和思路，并结合诸多应用实例来阐释它们在各类催化反应中的反应原理及作用机制。

　　本书在撰写过程中参阅了大量文献和资料，并融入了笔者在重庆工商大学工作以来的最新研究内容。第二版在原先的书稿基础上，在第六章中又进一步地增加了近两年来笔者改良氧化还原分子筛的简单方法及其在废油资源化领域的催化应用。在本书的撰写期间，笔者也与自己的博士生导师杨韬老师及博士后合作导师张贤明老师进行了深入探讨，在此对这些学者和专家表示由衷的感谢!

　　其中,王玮璐负责撰写第一章、第三章、第四章、第五章、第六章内容,并负责全书统稿。张贤明主要负责全书第二章的撰写。限于笔者水平,书中不妥和疏漏之处在所难免,在此恳请读者和同行专家批评指正。

王玮璐

2024 年 1 月

目录

1 氧化还原分子筛简介

1.1 分子筛的定义、分类及合成

"分子筛"一词由 McHain[1] 于 1932 年引入，用于定义在分子水平上筛分物质的多孔固体材料（主要是活性炭和沸石）。具体来说，分子筛具有规则的微环境和均匀的内部结构，由均匀的空腔和分子尺寸为 4~13 Å 的孔道组成。按组成分子筛的框架元素可以将其分为硅铝型、磷铝型和杂原子型分子筛。其中，分子筛的框架元素可以被杂原子同晶取代，从而改善其孔道及表面上的理化性质，如吸附和解吸性能，从而提升其催化活性[2]。

分子筛结构中的孔隙按照其尺寸大小分为微孔分子筛（<2nm），介孔分子筛（2~50nm）和大孔分子筛（>50nm）；而按照孔道体系的维数特征可分为一维、二维或三维体系[3]。具体来说，具有一维孔道的分子筛结构可被描绘成一个方向单一的管道；而著名的 FAU 结构正是三维孔道体系分子筛，该材料由三个正交的通道系统组成，因而具有较大的空腔及内部空间（直径 13Å 的超级笼）[4-5]。因此，反应物或生成物分子可以在该材料体系结构内部的三个方向上移动。

另外，由于孔道有大小区别，所以分子筛催化剂具有显著的择形选择性。研究者 Csicsery[6] 定义了典型的三个择形催化类别（见图 1-1）：
（a）反应物选择性：只有能够进入分子筛孔道的化合物分子才能发生反应；
（b）产品选择性：只有能够离开沸石孔道的分子才能在产品混合物中找到；
（c）限制性过渡态选择性：只有当所需的过渡态能在沸石腔内形成时，才会发生反应。同时，据报道分子筛的择形选择性催化效应大多应用于化学状态可逆或是酸催化的反应历程中[7]。

（a）反应物选择性；（b）产物选择性；

（c）限制性过渡态选择性[8]。

图 1-1　沸石控制的择形选择性类别

　　目前，水热合成法和水热转化法是合成分子筛的主要方法。随着科学的发展，研究者们也探索出了许多新兴的合成方法，如微波合成技术、离子热合成法及纳米材料合成技术等。

　　水热合成法是大众较为熟知的合成方法。例如，Tiago Fernandes de Oliveira 等人[9]以铌铁矿为金属源水热直接合成有序介孔 NbTa-MCM-41。具体来说是使用正硅酸乙酯-硅酸钠混合物作为硅源，同时将金属并入分子筛结构，并根据 Si/Me（Me = Nb 和 Ta）摩尔比 60，30 和 15 来改变 Nb 和 Ta 含量。他们通过在 MCM-41 结构中加入异质金属，同时对合成条件进行修改和调整，获得了具备高催化活性和吸附性质的微孔分子筛。

　　水热转化法合成分子筛的流程是将所需的化学反应物，如含硅的化合物、含铝化合物、及碱和水，按一定比例进行混合，并在 100~300℃进行晶化反应；随后，将得到的前驱体再经过滤、洗涤、离子交换、成型、活化等工序即可制得所需分子筛。其中，A、X 和 Y 型分子筛均可通过该方法制备获得，但受限于工艺本身，不能用来制备高硅分子筛，而且得到的分子筛纯度低、活性差，结晶度低。在水热转化过程中，起始材料和目标分子筛之间的结构相似性是该合成方法成功的关键所在。但文献中也有不少通过该方法成功合成分子筛的例子，比如 Yuhei Umehara[10] 等人通过调节温度、各种反应物投料比，成功地采用分子筛间水热转化法合成了硅磷酸铝（SAPO）分子筛。

近年来，微波技术因其独特的优势在催化领域得到了快速发展。其中，就有研究者将几十到几百赫兹的能量源应用在分子筛的制备上。Chunwei Shi 等[11] 使用微波辅助水热合成可在短时间内制得一种微孔-介孔复合分子筛。他们进一步将该材料应用于聚乙烯的催化裂化反应中，取得了良好的效果。Wenyuan Wu 等[12] 研究了微波辐射水热法控制微孔和介孔分子筛 Y/SBA-15 复合分子筛的合成。其中，较大的介孔分子筛可以为大分子反应提供择形通道，而孔道较小的部分可为小分子的择形催化和酸催化反应提供可能。因此，微波技术为快速合成复合分子筛提供了一种绿色、节能并且省时的方法。

离子热合成法合成分子筛是使用离子液体作为溶剂模板剂，在常压下通过晶化反应实现的。例如，Ying Tu 等[13] 采用四乙基氢氧化铵和低廉的二异丙基乙胺（N，N-二异丙基乙胺）这两种模板剂制备了 AEI 型 AlPO-18 分子筛，并且在较短的时间（1h）内就能得到晶粒尺寸为2 μm、长度与直径之比为 20 左右的高结晶度 AlPO-18 分子筛。同样地，Zhangli Liu[14] 等尝试用离子热合成法合成 LTA 型 $AlPO_4$ 和 $AlGa-PO_4$ 分子筛。使用这种合成方法获得的 $AlPO_4$-LTA 分子筛在极端条件下仍体现良好的水热稳定性。而 Tongwen Yu[15] 等开发了一种新的原位电化学离子热方法，该方法将电场与开放式离子热系统相结合，用于控制铝衬底上分子筛薄膜的取向，其中面内取向、无缺陷薄膜或面外取向薄膜可分别通过应用电场的精细编程获得。因此，他们通过活性铝基体和合成溶液之间的界面相互作用，证明了一步原位热合成法可在外加电场辅助的情况下直接在铝基体上制备取向可控的 $AlPO_4$-11（AEL 骨架拓扑）分子筛涂层。

自 20 世纪 80 年代以来，纳米技术就被广泛应用于使用单原子或分子构造且具有特定功能的产品。纳米材料是指颗粒尺寸为纳米量级（1~100nm）为主体的材料。与传统沸石天然的小孔径通道系统可能导致严重的扩散限制，进而抑制其在涉及大分子的反应中的相关催化活性相比，纳米粒子独有的尺寸效应使其在本征催化活性及选择性上远高于传统催化剂。一般来说，纳米沸石可通过常规水热合成法获得，晶体尺寸的减小改变了暴露于晶体表面的原子配位数及其与沸石通道之间的比率，从而能够直接调控沸石对反应物分子的可及性和催化活性。此外，与传统的微米级分子筛相比，纳米级分子筛的扩散路径长度会大大缩短。因此，为了减少传输限制的影响，专家学者已探索出两个主要途径，其一是在固有微孔中增加介孔、孔隙率，其二是减小材料的尺寸。

目前，分子筛不仅仅局限于有机物的简单转化和合成，已被成功应用于石油化工、环保、生物工程、食品工业、医药中间体等众多领域，尤其在炼油和石油化工中应用甚广。例如，Cristian C. Villa 等[16]研究了多孔材料制备的分子筛，主要应用于食品包装材料，以及食品纳米反应器、病原体吸收、活性化合物和酶的控制和持续释放，活性物质和种酶的稳定和固定化，食品污染物的检测和去除及智能食品材料的开发。我国石科院从1990 年开始探索研究乙苯合成所需的催化剂和相关生产工艺，研制出了活性高、乙苯选择性好、活性稳定的分子筛 AEB-2 型苯和乙烯液相烷基化催化剂以及 AEB-1 型苯和多乙苯液相烷基化转移催化剂。该催化剂及其制备技术申请了中国、美国和意大利等国专利并已获得授权。① 另外，多孔材料是可以根据其孔径大小和性质（有机或无机）进行分类。而孔隙尺寸是多孔材料最重要的特征，可影响其性能，如力学行为、流体和气体的流动和吸附等。Eng Toon Saw 等[17]论述了分子筛陶瓷渗透汽化膜在溶剂回收中的应用，分子筛陶瓷膜由于其化学、机械和热稳定性，是一种适合溶剂回收应用的材料。

当然，分子筛催化剂的研发仍然面临着一系列挑战，随着世界经济的不断发展，石化产品的需求量也在不断增加，石油资源的短缺问题日益加剧，从工业应用的角度思考如何进一步提高分子筛材料的催化性能与效率，以及分子筛的经济生产工艺、分子筛的催化新应用等问题是该研究领域亟待解决的重要问题[18]。例如，我们该如何根据催化反应的特点及要求来定向构筑分子筛材料，又或者根据现有的工业催化反应需求，不断提高原有分子筛的催化效率和性能。

1.2　氧化还原分子筛的研究现状、存在的问题及发展前景

氧化还原分子筛作为一类具有特殊性质的分子筛材料，通过将氧化还

---

① 慕旭宏，王殿中，王永睿，等. 分子筛催化剂在炼油与石油化工中的应用进展［C］//中国化学会分子筛专业委员会. 第 14 次全国分子筛学术年会论文集——微孔介孔材料科学及在新能源与节能、减排中的应用.《石油学报（石油加工）》编辑部，2008：7.

原活性位点限制在分子筛的结构中进而赋予材料独特的催化活性。因此，我们可以选择具有适当尺寸和亲-疏水性质的分子筛，并根据它们的尺寸和亲疏水性来调节功能分子，使之很容易地进入材料中并成为活性位[19]。其中，该类材料的骨架结构与氧化还原酶中的蛋白质外膜具有明显的相似之处，因此这些材料也被称为"矿物酶"[20]。随着科技的进步，工业生产对于该类分子筛的需求也在逐年增加。尤其是具有典型代表性的氧化还原分子筛在炼油和石化生产中具有不可或缺的作用，如其可以高效、选择性的催化醇的脱氢、烯烃环氧化反应等。

另外，氧化还原分子筛具有表面积大、孔径可调节、活性位所处位置独特、对反应物与产物具有良好的选择性、优异的热稳定性及活化再生能力等特点，因此其已在各催化体系研究中被成功应用。尤其在择形催化的研究体系中，氧化还原分子筛的应用几乎涵盖了全部烃类，醇类，含氮、氧、硫有机化合物以及生物质的催化转化及其相关合成过程[21]。同时，氧化还原分子筛在催化裂化、加氢裂化、汽油和柴油的加氢改质、润滑油加氢处理、烯烃齐聚等炼油过程和轻烯烃生产、二甲苯异构化、芳烃歧化、乙苯和异丙苯生产、不饱和烃氧化等石油化工中也有应用范例。

1.2.1 氧化还原分子筛研究现状

具有氧化还原催化特性的沸石分子筛是将具有氧化还原性质的基团或者元素直接放入分子筛结构中[22-23]。TS-1 是氧化还原分子筛体系中应用于工业催化领域最为成功的例子。1983 年，意大利 Enichem 公司率先开发了以 Ti 来取代分子筛结构中 Si 的新型催化剂，并命名为 TS-1[24]，它的发现被认为是绿色催化发展史上的里程碑。随后，科研工作者们使用 TS-1 作为催化剂，以 H_2O_2、RO_2H 和 O_2 为氧化剂，在非常温和的条件下催化了一系列具有重要意义的氧化反应，如烯烃的环氧化、醇类的氧化、氨的肟化以及苯酚的羟基化等典型反应[25-26]。其中，TS-1 具有 MFI 型拓扑结构，当晶胞中引入 Ti 后与周围的四个氧相连并处在一个四配位的环境中，与 TiO_2 中 Ti 稳定点的六配位环境相比，非常不稳定，而这些不稳定的四配位 Ti 导致其具有众多的催化特性。例如，TS-1 被广泛用于催化过氧化氢（H_2O_2）氧化丙烯制备环氧丙烷（HPPO process），并已成功应用于工业生产。传统氯醇法使用剧毒的氯试剂会导致设备的腐蚀和有害副产品的产生，而过氧化氢工艺虽然避免了环境污染、腐蚀严重的弊端，但其工艺流程长、投资大、对原料质量要求严格。并且，乙苯/异丁烷氢过氧化物工艺产生了大量的苯乙烯

/叔丁醇，这严重影响了该工艺的经济性。所以 HPPO 工艺的出现同时解决了传统合成方法的这两个问题，具有操作简便、产品分离简单、经济效益高等明显优点（见图 1-2）[27]。

图 1-2　制取环氧化合物的各种生产工艺[27]

TS-1 沸石在工业化生产中取得成功后，引起了广泛关注。研究表明四配位 Ti 原子是丙烯气相环氧化的活性中心[28]。非骨架 Ti 物种（如 TiO_2）负责将丙烯裂解为乙醇，并将 PO 深度氧化为 CO_2[29-30]。调整钛硅酸盐分子筛中的 Ti 配位状态，以同时提高原料转化率并最大限度地提高目标产物选择性，仍然是选择氧化反应的高性能催化剂的一个重要原则。

Yuyao Wang[31]等人合成了具有四面体配位钛物质（TiO_4）和八面体配位钛物质（TiO_6）的分级无锐钛矿型 TS-1。TiO_4 可提高环氧化物选择性，而

TiO$_6$物种提供可改进的烯烃转化率。该材料的合成是通过使用 L-赖氨酸辅助并结合两步结晶实现的；两步结晶方法可防止锐钛矿型 TiO$_2$ 的形成，而 L-赖氨酸可稳定 TiO$_6$ 的特性，并确保 TiO$_6$ 有效掺入无锐钛矿型 TS-1 沸石中。该分子筛与仅含有 TiO$_4$ 物质的传统材料相比，通过上述方法所制备的 TS-1 沸石（Si/Ti = 36.9）能获得更高的 1-己烯转化率（33%）、更高的 TON 值（153）和较高的环氧化物选择性（95%）。这种合成策略为调整钛硅酸盐沸石中 Ti 种类的数量和分布提供了途径，使其在各种工艺中实现高催化性能。

Xiaohang Liang[32] 等人研究了铵盐在环氧化反应中对 Ti-BEA 分子筛的性能影响。研究表明，从铵盐中解离出来的氨（或胺物种）会与骨架上 Ti-（OOH）物种结合，形成桥联的 Ti-（OOH）-R 物种，该物种更稳定，对环氧化物的吸附和酸性也更弱。因此，副反应和 H$_2$O$_2$ 的分解将被抑制，烯烃转化率和环氧化物的选择性都将同时提高。另外，过量的 NH$_3$ 被抑制，（NH$_3$/Ti>1）或 NaOH 与 Ti-HT（OOH）-R 物种结合，生成盐状 Ti-（OO）-M 物种，导致 Ti 活性中心失活。而对于铵盐（如 NH$_4$Cl 等），有限的解离度以及酸性环境有助于 Ti 活性中心保持高活性。

氧化还原分子筛最为独特的能力在于可在温和条件下高效催化液相中的各类选择性氧化。因为它们多样的结构性质为可容纳氧化还原金属的理化性质变化及其相关金属络合物的进一步引入，进一步结合其孔道大小和极性设计，就为设计定制具有特定性质的沸石催化剂（"矿物酶"）提供了可能性。因该系列分子筛具有环境友好的特点，在工业有机合成中具有巨大的潜力。同样，在液相催化氧化反应中固体催化剂往往比相对应的均相催化剂具备更多的优势。例如，避免活性成分在反应过程中发生聚合而失活。

但在 20 世纪 70 年代之前，开发氧化还原分子筛的方法还主要限于通过离子交换法将客体金属离子引入分子筛。这种方法的一个主要缺点就是金属离子的浸出性，这主要在于金属离子容易析出到溶液中。随着 1983 年 TS-1 的发现，这种情况发生了改变，因为在硅沸石骨架中检测到含有被取代的金属离子[33]。TS-1 的成功开发促进了各种含有钛（Ⅳ）或其他金属离子的氧化还原分子筛的研发。具体来说，研究者在硅沸石、沸石、AlPOs 或 SAPOs 的框架中通过引入金属离子得到了一系列不同种类的氧化还原分子筛，它们可以是电中性的或带负电的（见图 1-3）。例如：VS-1、CrS-1（客体金属分别为硅质岩骨架中的 V 和 Cr）、VAPOs、CrAPOs 和 CoAPOs（AlPO 骨架被客体金属 V、Cr 和 Co 取代）、TAPSO（SAPO 骨架被客体金属

Ti 取代)、Ti-ZSM-5（客体金属 Ti 取代 ZSM-5 骨架）和 Ti-BEA（Ti 取代的 β 沸石框架）。

图 1-3　硅沸石骨架中的硅被其他金属离子同晶取代

陈佳琦[34]等人采用水热法合成了具有微孔结构的 V-AlPO5 分子筛催化剂。在最优条件下制备获得的 V-AlPO5 分子筛，在体系反应温度 55 ℃、15mmol 质量分数 35% 的过氧化氢及 0.2g 的氧化剂用量、0.2g 的共还原剂抗坏血酸的投料量反应条件下，反应 24h，苯羟基化制苯酚的产率可达 16.1%，选择性为 86.8%，催化表现优异。LiuYanfeng[35] 等人用水热合成法在 AlPO-11 磷酸铝分子筛骨架中引入 Si 和 Co，并采用等体积浸渍法将 Pd 浸渍到载体上，制得了 Pd/CoSAPO-11 催化剂，将其用于催化正丁烯异构化反应。他们考察了温度和空速对活性的影响，并与 CoSAPO-11 的反应活性做对比。结果表明，在以 Pd/CoSAPO-11 为催化剂、反应温度为 400 ℃、反应压力为 5.0 MPa、体积空速为 2.0~4.0 h-1 的条件下，反应生成异丁烯的选择性为 89.2%~93.1%，极大地高于 Co 取代的磷铝酸盐分子筛材料的催化效率。

另一种制备氧化还原分子筛的方法是通过掺入金属配合物而不是金属原子，即 "ship-in-a-bottlecomplexes"。它主要是在八面沸石[36-37]的笼子内固定庞大的配合物，最典型的例子就是在沸石 Y 中封装铁酞菁[38]。除了酞菁外，联吡啶和 Schiff 碱型配体，也很容易与胺和醛缩合，再与 Mn[39] 和 V[40] 结合作为包含氧化还原金属的配合物。这种方法又可以细分成两种方法。其一是将有机金属物种接枝到介孔分子筛的内表面，如 MCM-41 分别与 Cp_2TiCl_2 和 $Mn_2(CO)_{10}$ 反应合成表面接枝的 Ti（IV）[41]和 Mn_2O_3[42]，然后进行煅烧。其二是通过间隔配体将配位络合物连接到氧化还原分子筛的壁上，旨在将如手性钼配合物等配合物束缚在具有介孔形貌的结构超稳定沸石 Y（USY）的内表面[43]，并使三氮杂环壬烷锰配合物在 MCM-41 上被非均质化[44]。

此外，我国科研人员徐文暘发明了干凝胶转化制备高硅和全硅分子筛的方法[45]，该方法通过将氧化硅凝胶（或硅铝凝胶）和结构导向剂充分混合后置于反应釜中晶化。到 2004 年，Morris 等人提出的离子热合成法[46-47]，成功合成了多种磷酸铝及金属磷酸铝骨架的分子筛结构。与传统水热合成法或者溶剂热合成法相比，其具有常压和低投资的优点。

综上所述，本书将主要讨论这些氧化还原分子筛作为非均相催化剂在液相氧化中的独特的催化作用，即通过概述它们的分类、合成、结构和理化性质，强调它们的独特优势，旨在让更多研究者熟悉氧化还原分子筛在化学反应合成中的巨大潜力。

1.2.2　氧化还原分子筛存在的问题及发展前景

可以说，分子筛是工业中应用最为广泛使用的催化剂。其中，微孔分子筛材料，已被成功应用于炼油、石油化工和有机合成等领域。而氧化还原分子筛作为分子筛材料中的一个重要分支，在生产精细和特种化学品方面已发展得相对成功，尤其是孔道尺寸在 10 Å 左右的材料。它们成功的原因在于：①具备较大表面积和强吸附能力；②可控的亲疏水性；③因其活性位点可在框架中生成，所以其强度和浓度可调；④催化剂的通道和适宜的空腔尺寸（5~12 Å），为许多有机分子提供舒适的反应场所；⑤孔道中存在的强电场对反应分子具有电子束缚，可以对反应物进行预激活；⑥多维的通道结构使母体材料具有不同类型的形状选择性，可满足特定产物选择性，并避免副反应的发生；⑦在分子筛骨架的保护下，活性位可以具备极高的水热稳定性，避免毒化。

尽管氧化还原分子筛具有上述理想的催化特性，但当面对超过孔隙尺寸的反应物时，其反应就会受到限制。因此，克服这种限制最有效的方法就是在保持催化剂主体结构不变的情况下，扩大其孔直径，进入中孔区域。具体来说，模板法是研究者合成分子筛的典型方法，但是这些模板剂都会影响材料的凝胶过程，也会在孔道内作为空隙填充剂，结合焙烧过程，从而协同在母体结构中"生长"出孔道。据此，研究者们不断尝试使用具有更大尺寸的有机模板剂，但并没有得到人们所期待的结果，即导致合成的目标材料出现更大的空隙。然而，有研究者发现，当使用 Al 和 P 或 Ga 和 P 作为框架元素时，可对分子筛孔径进行成功调节[48-50]。近期，也有人报道使用 Co 的有机金属复合物作为模板剂合成 14 元环单向沸石（UTD-1）[51-52]（见表 1-1）。当模板剂被移除所获得的材料框架的热稳定性较高，可以抵抗 1 000 ℃的煅烧而不发生结构坍塌。其中，框架中 Al 元素的存在也导致产生了大量 Brønsted 酸，其强度足以促进石蜡的裂解反应进行。

表 1-1　典型的有机金属复合物合成的大孔沸石/沸石型[53]

material	ring size	year discovered	synthesis media	inorganic framework composition	channels/pores
cacoxenite	20-TO$_4$ ring		naturally occurring	Al, Fe, P	14.2 Å pore diameter
zeolites X/Y (FAU)	12-TO$_4$ ring	1950s		Al; Si	7 Å diameter pore 12 Å diameter cavity 3D channel system
AlPO$_4$-8 (AET)*	14-TO$_4$ ring	1982	n-dipropylamine template	Al, P	1D channel system
VPI-5 (VFI)*	18-TO$_4$ ring	1988	tetrabutylammonium/ n-dipropylamine templates	Al, P	13 Å channel diameter hexagonal arrangement of 1D channel system
cloverite (CLO)*	20-TO$_4$ ring	1991	(a) quiniclidinium template (b) F$^-$ rather than OH as mineralizer	Ga, P	largest aperture of window is 13 Å 30 Å cavities 3-D channel system
JDF-20	20-TO$_4$ ring	1992	(a) triethylamine template (b) glycol solvent	Al, P	hydroxyl groups protruding into channel system
UTD-1	14-TO$_4$ ring	1996	[(C$_P$*)$_2$Co]OH	Si, Al	1-D channel system 7.5 × 10 Å

此外，在液相中进行的催化氧化反应所采用的催化剂大部分是可溶性的金属盐类[54]，但是使用这种均相催化剂总伴随着含氧物质与金属盐类聚合而导致催化剂失活的问题。与之相比，氧化还原分子筛则具有诸多优势。首先，分子筛材料具有规则的孔道结构；其次，使用金属改性的分子筛比传统的负载金属型催化剂其循环催化活性更稳定。并且这种内表面即孔道内含有金属活性位点的分子筛也能对反应物起到一定的择形作用。所以，使用氧化还原分子不仅有利于催化剂的回收利用，还可以避免上述诸多问题。

综上所述，氧化还原分子筛是一类十分具有发展前景的催化材料。它们是将氧化还原金属引入分子筛能够对一系列有机合成反应具有巨大催化潜力的材料，并且很容易进行回收使用。这些氧化还原分子筛可以在相对温和的条件下，使用清洁的氧化剂（如 H、O、RO、H 和 O$_2$）催化各种物质进行氧化转化。此外，人们通过对其孔径和亲疏水性的调节可以进一步增强它们的普适性，这是均相催化剂无法实现的。

参考文献

［1］SHELDON R A. Selective catalytic synthesis of fine chemicals：opportunities andtrends ［J］. Journal of Molecular Catalysis A Chemical, 1996, 107 (1-3)：75-83.

［2］刘典明. 杂原子分子筛研究进展 ［J］. 科技创新导报, 2010

（15）：9.

［3］MEIER W M, OHLSON DH, BAERLOCHER C. Atlas of zeolite stoucture types ［J］. Zeolites, 1996, 17 （1-2）：231.

［4］MEIER W M, OLSON D H, BAERLOCHER C. Atlas of zeolite structure types ［J］. Zeolites, 1992, 12 （5）：203.

［5］WOEHRLE D, SCHULZ-EKLOFF G. Molecular sieve encapsulated organic dyes and metalChelates ［J］. Advanced Materials, 1994, 6 （11）：875-880.

［6］CSICSERY S M. Catalysis by shape selective zeolites-science andtechnology ［J］. Pure and Applied Chemistry, 1986, 58 （6）：841-856.

［7］O ARIBEIRO F R, ALVAREZ F, HENRIQUES C, et al. Structure-activity relationship in zeolites ［J］. Journal of Molecular Catalysis A：Chemical, 1995, 96 （3）：245-270.

［8］ARENDS I W C E, SHELDON R A, WALLAU M, et al. Oxidative transformations of organic compounds mediated by redox molecular sieves ［J］. Angewandte Chemie International Edition in English, 1997, 36 （11）：44-63.

［9］DE OLIVEIRA T F, DA SILVA M L P, LOPES-MORIYAMA A L, et al. Facile preparation of ordered mesoporous Nb, Ta-MCM-41 by hydrothermal direct synthesis using columbite ore as metal source ［J］. Ceramics International, 2021, 47 （20）：509-514.

［10］UMEHARA Y, ITAKURA M, YAMANAKA N, et al. First synthesis of SAPO molecular sieve with LTL-type structure by hydrothermal conversion of SAPO-37 with FAU-type structure ［J］. Microporous and Mesoporous Materials, 2013, 179：224-230.

［11］SHI C, FU Y, CHEN W, et al. Microwave hydrothermal synthesis and catalytic cracking of polyethylene of microporous – mesoporous molecular sieves （HY/SBA-15）［J］. Materials Letters, 2020, 258：126805.

［12］WU W, SHI C, BIAN X, et al. Microwave radiation hydrothermal synthesis and characterization of micro-and mesoporous composite molecular sieve Y/SBA-15 ［J］. Arabian Journal of Chemistry, 2013：123-126.

［13］TU Y, ZHAN T, WU T, et al. Rapid synthesis of AlPO-18 molecular sieve for gas separation with dual – template agent ［J］. Microporous and Mesoporous Materials, 2021, 327：111436.

［14］LIU Z, XU M, HUAI X, et al. Ionothermal synthesis and characterization of AlPO4 and AlGaPO4 molecular sieves with LTA topology ［J］. Microporous and Mesoporous Materials, 2020, 305: 110315.

[15] YU T, LIU Y, CHU W, et al. One-step ionothermal synthesis of oriented molecular sieve corrosion-resistant coatings [J]. Microporous and Mesoporous Materials, 2018, 265: 70-76.

[16] VILLA C C, GALUS S, NOWACKA M, et al. Molecular sieves for food applications: a review [J]. Trends in Food Science & Technology, 2020, 102: 102-122.

[17] SAW E T, ANG K L, HE W, et al. Molecular sieve ceramic pervaporation membranes in solvent recovery: a comprehensive review [J]. Journal of Environmental Chemical Engineering, 2019, 7 (5): 103367.

[18] LUCAS N, GURRALA L, HALLIGUDI S B. Efficacy of octahedral molecular sieves for green and sustainable catalytic reactions [J]. Molecular Catalysis, 2020, 490: 110966.

[19] CSICSERY S M. Shape-selective catalysis in zeolites [J]. Zeolites, 1984, 4 (3): 202-213.

[20] DEROUANG E G, LEMOS F, NACCACHE C, et al. Zeolite microporous solids: synthesis, structure and reactivity [M]. Netheolands: Springer, 1992.

[21] MOHAMED A R, MOHAMMADI M, DARZI G N. Preparation of carbon molecular sieve from lignocellulosic biomass: a review [J]. Renewable and Sustainable Energy Reviews, 2010, 14 (6): 91-99.

[22] SHELDON R A. Homogeneous and heterogeneous catalytic oxidations with peroxide reagents [J]. Springer Berlin Heidelberg, 1993: 21-43.

[23] SHELDON R A, DAKKA J. Heterogeneous catalytic oxidations in the manufacture of fine chemicals [J]. Catalysis Today, 1994, 19 (2): 215-245.

[24] LI C, XIONG G, LIU J, et al. Identifying framework titanium in TS-1 zeolite by UV resonance Raman spectroscopy [J]. The Journal of Physical Chemistry B, 2001, 105 (15): 2993-2997.

[25] CLERICI M G, INGALLINA P. Epoxidation of lower olefins with hydrogen peroxide and titanium silicalite [J]. Journal of Catalysis, 1993, 140 (1): 71-83.

[26] MASPERO F, ROMANO U. Oxidation of alcohols with H_2O_2 catalyzed by titanium silicalite-1 [J]. Journal of Catalysis, 1994, 146 (2): 476-482.

[27] LIU Y, ZHAO C, SUN B, et al. Preparation and modification of Au/

TS-1 catalyst in the direct epoxidation of propylene with H₂ and O₂ [J]. Applied Catalysis A: General, 2021, 624: 118329.

[28] STANGLAND E E, TAYLOR B, ANDRES R P, et al. Direct vapor phase propylene epoxidation over deposition-precipitation gold-titania catalysts in the presence of H2/O2: effects of support, neutralizing agent, and pretreatment [J]. The Journal of Physical Chemistry B, 2005, 109 (6): 21-30.

[29] LEE W S, AKATAY M C, STACH E A, et al. Gas-phase epoxidation of propylene in the presence of H2 and O2 over small gold ensembles in uncalcined TS-1 [J]. Journal of Catalysis, 2014, 313: 104-112.

[30] YAO S, XU L, WANG J, et al. Activity and stability of titanosilicate supported Au catalyst for propylene epoxidation with H₂ and O₂ [J]. Molecular Catalysis, 2018, 448: 144-152.

[31] WANG Y, LI L, BAI R, et al. Amino acid-assisted synthesis of TS-1 zeolites containing highly catalytically active TiO₆ species [J]. Chinese Journal of Catalysis, 2021, 42 (12): 89-96.

[32] LIANG X, PENG X, LIU D, et al. Understanding the mechanism of N coordination on framework Ti of Ti-BEA zeolite and its promoting effect on alkene epoxidation reaction [J]. Molecular Catalysis, 2021, 511: 111750.

[33] NOTARI B. Synthesis and catalytic properties of titanium containing zeolites [J]. Studies in Surface Science and Catalysis, 1988, 37: 413-425.

[34] 陈佳琦, 李军, 张毅, 等. V-AlPO5 分子筛催化苯直接羟基化制苯酚 [J]. 应用化学, 2012, 29 (8): 921-925.

[35] 刘彦峰, 杨晓东, 胡胜, 等. Pd/CoSAPO-11 催化剂的制备及其正丁烯异构化催化性能研究 [J]. 石油炼制与化工, 2014, 45 (11): 29-32.

[36] DE VOS D E, THIBAULT-STARZYK F, KNOPS-GERRITS P P, et al. A critical overview of the catalytic potential of zeolite supported metal complexes [J] Macromolecular Symposia, 1994, 80 (1): 157-184.

[37] DE VOS D E, KNOPS-GERRITS P, PARTON R F, et al. Coordination chemistry in zeolites [J]. Journal of Inclusion Phenomena and Molecular Recognition in Chemistry, 1995, 21 (1): 185-213.

[38] HERRON N. The selective partial oxidation of alkanes using zeolite based catalysts. Phthalocyanine (PC) "Ship-in-Bottle" Species [J]. Journal of Coordination Chemistry, 1988, 19 (1-3): 25-38.

[39] OGUNWUMI S B. Intrazeolite assembly of a chiral manganese salen

epoxidation catalyst [J]. Chemical Communications, 1997 (9): 901-902.

[40] ARENDS I, BIRELLI M P, SHELDON R A. Catalytic oxidations with biomimetic vanadium systems [J]. Studies in Surface Science and Catalysis, 1997, 110 (97): 1031-1040.

[41] MASCHMEYER T, REY F, SANKAR G, et al. Heterogeneous catalysts obtained by grafting metallocene complexes onto mesoporous silica [J]. Nature, 1995, 378 (6553): 159-162.

[42] BURCH R, CRUISE N, D GLEESON, et al. Surface-grafted manganese-oxo Species on the walls of MCM-41 channels: a novel oxidation cacalyst [J]. Chemical Communications, 1996, 8 (8): 951-952.

[43] CORMA A, FUERTE A, IGLESIAS M, et al. Preparation of new chiral dioxomolybdenum complexes heterogenised on modified USY – zeolites efficient catalysts for selective epoxidation of allylic alcohols [J]. Journal of Molecular Catalysis A: Chemical, 1996, 107 (1-3): 225-234.

[44] RAO Y V S, DE VOS D E, BEIN T, et al. A practical heterogenization of a triazacyclononane ligand via surface glycidylation [J]. Chem Commun, 1997, 355.

[45] TANG L, DADACHOV M S, ZOU X. SU-12: a silicon-substituted ASU-16 with circular 24-rings and templated by a monoamine [J]. Chemistry of Materials, 2005, 17 (10): 30-36.

[46] FREYHARDT C C, TSAPATSIS M, LOBO R F, et al. A high-silica zeolite with a 14 – tetrahedral – atom pore opening [J]. Nature, 1996, 381 (6580): 295-298.

[47] CORMA A, DIAZ-CABANAS M J, JORDá J L, et al. High-throughput synthesis and catalytic properties of a molecular sieve with 18-and 10-member rings [J]. Nature, 2006, 443 (7113): 842-845.

[48] RICHARDSON JR J W, VOGT E T C. Structure determination and rietveld refinement of aluminophosphate molecular sieve AIPO4-8 [J]. Zeolites, 1992, 12 (1): 13-19.

[49] JONES R H, THOMAS J M, CHEN J, et al. Structure of an unusual Aluminium Phosphate ([Al5P6O24H] 2-2 [N (C2H5) 3H] + · 2H2O) JDF-20 with large elliptical apertures [J]. Journal of Solid State Chemistry, 1993, 102 (1): 204-208.

[50] HUO Q, XU R, LI S, et al. Synthesis and characterization of a novel

extra large ring of aluminophosphate JDF－20 ［J］. Journal of the Chemical Society, 1992, 875.

［51］ FREYHARDT C C, TSAPATSIS M, LOBO R F, et al. A high-silica zeolite with a 14－tetrahedral－atom pore opening ［J］. Nature, 1996, 381 (6580): 295-298.

［52］ BALKUS K J, GABRIELOV A G, SANDLER N. Molecular sieve synthesis using metallocenes as structure directing agents ［J］. MRS Online Proceedings Library (OPL), 1994, 368.

［53］ CORMA A. From microporous to mesoporous molecular sieve materials and their use in catalysis ［J］. Chemical Reviews, 1997, 97 (6): 2373-2420.

［54］ SHEIDON R A, KKOCHI J K. Metal-catalysed oxidation of organic compounds ［J］. Academic Press, 1981.

2 氧化还原分子筛的合成与制备

2.1 氧化还原分子筛的合成机理

随着氧化还原分子筛的发展日益深入，越来越多研究者通过使用先进的技术方法合成了种类繁多的分子筛材料。因此，一些结构不够新颖的氧化还原分子筛已经远远不能满足研究者们的需求。据此，探索分子筛的形成过程及其合成机理对获取具有新结构的功能性分子筛材料就变得十分重要。众所周知，研究分子筛的生长机制不仅具有重要的理论价值，还对设计新型的氧化还原分子筛也具有重要的指导意义。具体来说，分子筛的结晶及生长机制一直是人们争论的话题，这主要是因为其晶体的生长过程是个十分复杂的过程，涉及硅酸根、铝酸根等相关化学基团在合成体系中的存在形态，及凝胶固相、溶液相的不断变化以及沸石晶核的形成及逐步生长等诸多步骤。因此，我们有必要了解分子筛的合成及晶化机理，这对研究者们在氧化还原分子筛这一独特领域的后续发展也会有极大的帮助。

2.1.1 固相转变机理

固相转变机理也称固相机理，于 1968 年被 D. W. Breck 和 E. M. Flanigen 提出[1]，是最早被提出的关于分子筛晶化的机理。该机理提出分子筛的晶化过程既没有凝胶固相的溶解，液相也没有直接参与材料的成核与晶体生长，整个过程中固相和液相中骨架组成元素浓度保持不变，只是凝胶固相的本身在碱性水热条件下结构基元的重排形成晶核，晶核再继续长大形成晶体。

该机理可以以下述图片中的形式表现（见图 2-1），即当各种原料混合以后，金属源聚合生成初始凝胶。与此同时，虽然也产生凝胶间液相，然而液相部分不参与晶化反应。然后，这些凝胶在强碱的作用下被解聚，形成初级结构单元，这些初级结构单元在水合碱金属阳离子周围重新排列，形成二级结构单元，这些二级结构单元进一步聚合和连接，形成分子筛晶体。

图 2-1　分子筛的固相转变机理[1]

2.1.2　液相转变机理

G. T. Kerr 和其同事 J. Ciric 等人在其他研究者提出固相转变机理的同一时期提出了液相转变机理[2]。两者的本质区别在于液相是否参与了沸石晶化过程中的成相历程。具体来说，液相转变机理认为，初始凝胶在碱性水热条件下会部分溶解形成金属盐离子进而转入液相，而液相中的反应物再进一步发生聚合反应形成晶核，并逐步形成相应的分子筛晶体。按照液相转变机理，合成分子筛所需的骨架元素溶液混合均匀后，能够快速形成无序凝胶；并且，凝胶与液相之间也需达到溶解平衡；该平衡也会在加热晶化过程中发生移动，导致液相中金属盐的浓度增加。而当液相浓度达到过饱和度时，会形成沸石晶核；随后晶核不断地吸收溶液中的"养料"，即消耗溶液中的骨架元素正离子；当溶液的浓度减小时，凝胶固体继续溶解，彼此交互，直至目标晶体形成（见图 2-2）。

图2-2　分子筛的液相转变机理[3]

　　有研究者基于液相机理提出，分子筛的晶核应是在凝胶固相和溶液相的界面生成的，因此晶体的生长速度与液相中框架元素的离子浓度密切相关，如硅铝酸根。总体来说，学界对液相机理的接受度更高，因此，关于液相机理的报道层出不穷。尤其有些研究者认为分子筛能够在清液中直接形成，并没有发生固相传输过程。例如，Y 型、S 型、P 型分子筛均能够在清液中合成，并且在这些分子筛材料的合成过程中也没有凝胶相出现，更是有力地证明了液相转变机理的主导地位[4-5]。

2.1.3　固液双向转变机理

　　随着研究者对分子筛合成过程认知的不断加深以及表征手段的不断发展，关于分子筛晶化又出现了新的观点——即固液双相转变机理。该机理认为固相转变和液相转变同时存在，它们可以分别在两个晶化反应体系中发生，也可以在一个体系中同时发生。

　　早在 1981 年，Z. Gabelica 等人[6]创造性地在两种合成反应物的选择、投料比以及反应条件均不同的体系中成功制备出 ZSM-5 分子筛。他们通过 X 射线衍射技术、热重-差热分析仪以及电镜等多种手段对这两种不同体系所得到的 ZSM-5 进行了系统的理化性质表征。经过详细的分析，他们发现其中一种体系中分子筛的晶化过程能够归结于固相转变机理，而另一种体系则属于液相转变机理。

与此同时，Gabelica 和同事们还使用同样丰富的表征手段并结合液相 ^{27}Ai-NMR 和 ^{29}Si-NMR 技术研究了 NaY 分子筛的晶化过程。研究表明，NaY 的晶化合成体系会同时发生液相机理和固相机理[6]。他们的结果首先证明在沸石晶体和原始凝胶中 Si 和 Ai 的化学环境相同，这就直接证明固相转变存在可能性；而在晶化后期对液相 ^{27}Al-NMR 研究证明，Al 可以从液相转移到固相，说明液相转变存在的可能性。因此 Z. Gabelica 认为这两种转化机制可以在同一系统中同时发生。然而，由于当时检测方法的限制，它在学术界并未得到足够的重视。直至 20 世纪 90 年代初，随着科技的进步，人们对分子筛的生成机理才有了进一步的认识。1992 年，L. E. Iton 等人[7]首次应用了小角中子散射技术研究了不同条件下 ZSM-5 的晶化过程。他们证实了 ZSM-5 的晶化历程会随着所使用的硅源不同而发生变化。当使用的硅源的主要存在形式为单聚或低聚态的硅酸根时，表面晶核会促使凝胶骨架的快速重排从而晶化成核，即通过固相转变途径而晶化成 ZSM-5 沸石。而当使用 SiO_2 溶胶作为硅源时，纳米级的 SiO_2 胶粒会逐渐溶解并进一步扩散、缩聚先形成初级凝胶，然后再溶解缩聚成核，其过程为典型的液相转变机理。与此同时，Iton 也发现了即使在同一环境中合成单一的分子筛样品，当合成条件发生轻微改变时，其晶化过程也会遵循不同的途径与机制路径。

2.2 氧化还原分子筛的制备技术

氧化还原分子筛的结晶过程也是基于之前所介绍的三种机理，然而相较于普通的分子筛来说，该系列材料含有氧化还原活性位，因此其又有着自己独特的合成方法与制备技术。

2.2.1 模板法

将活性金属形成的络合物添加在合成分子筛所需的凝胶中，并且该络合物必须有高 pH 值及高温稳定性。因此，用这种方法是非常有局限性的。

然而，该方法的显著优点在于金属络合物具有预定的配位方式进而易于引入孔道。例如，Fe、Co、Cu、Ni 和 Ru 的酞菁络合物已经成功地被融入 VPI 的分子筛骨架中（见图 2-3）[8-9]。

图 2-3　包含在 VPI-5 中的（A）沸石 NaY 和（B）[Fe（Pc）] 的分子图形[9]

2.2.2　离子交换法

众所周知，分子筛的骨架往往为阴离子骨架，带有负电性。而这些负电荷被可交换进入分子筛骨架的阳离子补偿，进而显示出独特的催化反应活性。因此，这些阳离子可以通过直接的离子法交换被引入至分子筛骨架。然而，也有些阳离子直径太大，无法进入孔隙系统[10-11]。虽然离子交换法可以用于制备分子筛，如用 LTA、MFI 和 FAU 等分子筛材料目前已被成功改性进而成为氧化还原分子筛，但仍然存在一定的缺点。由于充当氧化还原活性位的过渡金属多价态的性质，致使其吸附的水分子失配进而会导致分子筛的空隙中往往会出现额外的酸中心，从而导致催化副反应的发生。此外，这些阳离子在骨架及孔隙中的高流动性会导致其易浸出并进一步形成金属氧化物团簇，这可能会使催化剂整体催化活性降低。

2.2.3　原位合成骨架取代法

分子筛通常是从凝胶中结晶而成，即通过将这些凝胶在 353~473K 的温度下焙烧，及结合自生压力的反应条件下，在几小时到几周不等的时间内，在高压反应釜中结晶转变而成。

　　因此，氧化还原分子筛也可以通过在合成分子筛的凝胶中加入具有氧化还原活性的金属来原位制备，而这些金属的阳离子将会取代框架中的 Al、Si 或 P，产生骨架过渡金属活性位。从 Pauling 规则来看，如果阳离子和氧阴离子的半径比在 0.225 和 0.414 之间，那么金属离子取代四配位的晶格位点是可能发生的[12]。也有人进一步证实，若是（r^{n+}）/r（O^{2-}）略高于 0.414 时，金属阳离子进行框架结合也是很有可能的[13]。

　　但是，金属离子的理化性质，如价态、电子结构等在煅烧后所获得的分子筛中可能与原先存在巨大差异。例如，铬取代的分子筛通常在合成材料中含有三价铬（Ⅲ），但在煅烧后会转化为六价铬（Ⅵ）。由于六价铬（Ⅵ）总是包含两个框架外的 Cr＝O 键，所以它只能被固定在沸石晶体表面，不能以同构替代的形式存在孔道内。同样的道理也适用于钒，它在合成材料中一般处于四价状态，但在煅烧后转化为钒（v）。钴和锰取代的分子筛通常在煅烧前后的分子筛中分别呈现二价和三价。但是，人们发现在煅烧的分子筛中，这些氧化还原活性中心仍然可以占据骨架晶格位[14]。

2.2.4　合成后修饰法

　　氧化还原分子筛的合成后修饰法是将已成功合成的材料通过对其骨架中的金属进行同晶置换以优化催化剂的性能。与前面提到的原位合成非常不同，原位合成引入氧化还原活性金属需要针对每种金属优化合成条件，这非常耗时；同时采用该方法制备氧化还原分子筛时，某些具有特殊结构分子筛其结晶成型需要 Al 的存在（如 FAU 沸石），但掺入 Al 原子后会产生大量的酸性位点，因此必须中和此酸性位点以避免在催化中会产生副反应。所以，与原位合成法其骨架取代引入氧化还原活性位相比，氧化还原分子筛的合成后修饰就具有相当明显的优势——不仅不会降低催化剂的亲疏水性，而且对产物的选择性不会造成任何影响。

　　其中，合成后修饰法获得分子筛材料最典型的例子就是 S. Han 等人用四氟硼酸铵水溶液处理 MFI 和 FAU 沸石会产生硼铝硅酸盐，其中 B 原子占据骨架位置[15]。同时，DeRuiter 等人[16]认为含硼结构更适合于合成后的修饰，因为硼可以在极其温和的条件下从骨架中提取，留下热稳定的、可重新占用的硅醇巢。他们描述了具有 MFI[17] 和 BEA[18] 结构的硼硅酸盐的制备和脱硼流程，以及用 Si[19] 和 Ti[20] 重新占据 BEA 结构中的硅醇巢历程。

　　因此，这种合成方法也可以用来将氧化还原金属替代骨架原子。例如，Skeels 和 Flanigen[21] 报告了在沸石中用氟化铵盐溶液处理后，沸石中的 Al

被铁和钛取代。使用酸性氟化物水溶液也可以掺入 Sn 和 Cr[22]。此外，具有骨架 Ti 的分子筛材料获得可通过使用 $TiCl_4$ 蒸气处理沸石来实现[23]；而 MFI、BEA 和 FAU 结构的钛引入是通过让各自的 H 型结构与草酸钛铵[24]、$TiCl_4$ 或 Ti（O/Pr）$_4$[25] 反应直接获得的；将 MFI 结构的沸石和硅酸盐与 VCl_4 蒸气反应可得到钒硅酸盐。J. Weitkamp 等人将沸石与六氟硅酸铵水溶液反应，可直接将硅骨架中的铝置换为溶液中的硅[26]。Beyer 等人报道了通过 NH_4SiF_6 和铵交换沸石之间的固态反应，也可以将硅掺入先前由铝占据的骨架晶格位[27]；而高硅 FAU 沸石则是通过使用 SiCl 蒸气处理材料制备[28]。对于沸石型磷酸铝材料，磷铝分子筛则通过后续处理使大量的 P 被 Si 同晶取代[29]。

另外，研究表明，不同金属的连续加入将导致无法通过直接水热法合成获得氧化还原分子筛。因此，我们可以预期通过合成后修饰法将能给骨架中引入多种氧化还原金属提供更多可能。

2.2.5　过渡金属配合物的包裹封装法

Klier[30] 在 1968 年首次提出制造新型氧化还原活性分子筛的一种新方法，即通过使用分子筛来包裹过渡金属复合物[31-32]，这种合成方法常被称为"ship-in-a-bottlecomplexes"或"Zeozymes"。

对大型络合物的封装，在大多数情况下使用的是具有 FAU 或 EMT（六方浮石）结构的沸石。它们拥有一个超笼结构（直径 13 Å），可以轻易地容纳大型络合物。除了将预先存在的配合物吸附或锚定在沸石上和直接离子交换之外[33]，最广泛适用的合成方法有：通过络合在沸石内合成，沸石内配体合成和络合模板合成。

对于沸石内合成，金属复合物被组装在沸石腔内。而通过络合在沸石内合成时，配体小到可以通过沸石孔隙扩散，但金属络合物一旦形成，就大到无法扩散出去。其中，金属离子被 H_2O、HO^- 或沸石晶格的氧化物离子所包围[34-35]。这些将被配体所取代，如联吡啶基茂金属及酞菁配合物，虽然大部分酞菁仍然不含金属。目前，酞菁配合物已通过沸石内配体合成封装在 FAU、EMT 和 VFI 筛中以成功引入客体活性金属。

参考文献

［1］ BRECK D W, FLANIGEN E M. Synthesis and properties of Union Carbide zeolites L, X and Y ［J］. Molecular Sieves, 1968: 47−60.

［2］ CIRIC J. Kinetics of zeolite A crystallization ［J］. Journal of Colloid and Interface Science, 1968, 28 （2）: 315−324.

［3］ KERR G T, KOKOTAILO G T. Sodium zeolite ZK−4, a new synthetic crystallinealuminosilicate ［J］. Journal of the American Chemical Society, 1961, 83 （22）: 4675−4675.

［4］ HONSSION C J Y, MOJETB L, KIRSCHHOCK C E A, et al. Nucleation processes in zeolite synthesis revealed through the use of different temperature−timeprofiles ［J］. Studies in Surface Scienceand Catalysis, 2001, 135: 140.

［5］ GRIZZETTI R, ARTIONLI G. Kinetics of nucleation and growth of zeolite LTA from clear solution byinsitu and exsitu XRPD ［J］. Micorporous and Mesoporous Materials, 2002, 54: 105−112.

［6］ DEROUANE E G, DETERMMERIE S, GABELICA Z, et al. Synthesis and characterization of ZSM−5 type zeolites I. physic−chemical properties of precursors and intermediates ［J］. Applied Catalysis, 1981, 1 （3−4）: 201−224.

［7］ ITON L E, TROUW F, RUM T O, et al. Small − angle neutron − scattering studies of the template − mediated crystallization of ZSM − 5 typezeolite ［J］. Langmiur, 1992, 8 （4）: 45−48.

［8］ BALKUS JR K J, GABRIELOV A G, BELL S L, et al. Zeolite encapsulated cobalt （II） and copper （II） perfluorophthalocyanines. Synthesis and characterization ［J］. Inorganic Chemistry, 1994, 33 （1）: 67−72.

［9］ GABRIELOV A G, BALKUS JR K J, BELL S L, et al. Faujasite−type zeolites modified with iron perfluorophthalocyanines: synthesis and characterization ［J］. Microporous Materials, 1994, 2 （2）: 119−126.

［10］ KARGE H G, ZHANG Y, BEYER H K. Preparation of bifunctional catalysts by solid−state ion exchange in zeolites and catalytic tests ［J］. Studies in Surface Science and Catalysis, 1993, 75: 257−270.

［11］ QU H, RAYABHARAM A, WU X, et al. Selective filling of n−hexane in atight nanopore ［J］. Nature Communications, 2021, 12 （1）: 1−8.

［12］PAULING L. The metallic orbital and the nature ofmetals ［J］. Journal of Solid State Chemistry, 1984, 54 (3): 297-307.

［13］森永健次，杉之原幸夫，柳ヶ瀬勉. CaO-SiO2-TiO2 融体の電気伝導度 ［J］. 日本金属学会誌, 1974, 38 (7): 658-662.

［14］HARTMANN M, RACOUCHOT S, BISCHOF C. Characterization of copper and zinc containing MCM-41 and MCM-48mesoporous molecular sieves by temperature programmed reduction and carbon monoxide adsorption ［J］. Microporous and Mesoporous Materials, 1999, 27 (2-3): 309-320.

［15］HAN S, SCHMITT K D, SCHRAMM S E, et al. Isomorphous substitution of boron into zeolites ZSM－5 and Y with aqueous NH4BF4 ［J］. The Journal of Physical Chemistry, 1994, 98 (15): 118-124.

［16］WHITTINGTON B I, ANDERSON J R. Vanadium－containing ZSM5 zeolites: reaction between vanadyl trichloride and ZSM5/silicalite ［J］. The Journal of Physical Chemistry, 1991, 95 (8): 306-310.

［17］KUHN J, GROSS J, KAPTEIJN F. Tuning the framework polarity in MFI membranes bydeboronation: effect on mass transport ［J］. Microporous and Mesoporous Materials, 2009, 125 (1-2): 39-45.

［18］LU B W, JON H, KANAI T, et al. Synthesis and characterization of large beta zeolite crystals using ammonium fluoride ［J］. Journal of Materials Science, 2006, 41 (6): 1861-1864.

［19］ZAWADZKI B, KOWALEWSKI E, ASZTEMBORSKA M, et al. Palladium loaded BEA zeolites as efficient catalysts for aqueous－phase diclofenac hydrodechlorination ［J］. Catalysis Communications, 2020, 145: 106113.

［20］LIANG X, PENG X, XIA C, et al. Improving Ti incorporation into the BEA framework by employing Ethoxylated Chlorotitanate as Ti precursor: postsynthesis, characterization, and incorporation mechanism ［J］. Industrial & Engineering Chemistry Research, 2021, 60 (3): 219-230.

［21］SKEELS G W, FLANIGEN E M. Zeolite chemistry-substitution of iron or titanium for aluminum in zeolites via reaction with the respective ammonium fluoride salts ［C］//ACS Symposium Series, 1155 16TH ST, NW, WASHINGTON, DC 20036 USA: AMER CHEMICAL SOC, 1989, 398: 420-435.

［22］SKEELS G W. Framework substitution in zeolites: secondary synthesis ［J］. Preprints－American Chemical Society, Division of Petroleum Chemistry, 1993, 38 (3): 484-485.

［23］ ZHU Q, LIU H, MIAO C, et al. Grafting Ti Sites on Defective Silicalite-1 via TiCl$_4$ Chemical Vapor Deposition for Gas-Phase Epoxidation of Propylene and H$_2$O$_2$ Vapor ［J］. Industrial & Engineering Chemistry Research, 2020, 59 (7): 828-838.

［24］ Reddy J S, Liu P, Sayari A. Vanadium containing crystalline mesoporous molecular sieves leaching of vanadium in liquid phase reactions ［J］. Applied Catalysis A: General, 1996, 148 (1): 7-21.

［25］ PENG X, HE C, LIU Q, et al. Strategic surface modification of TiO$_2$ nanorods by WO$_3$ and TiCl$_4$ for the enhancement in oxygen evolution reaction ［J］. Electrochimica Acta, 2016, 222: 112-119.

［26］ WEITKAMP J, SAKUTH M, CHEN C Y, et al. Dealumination of zeolite beta using (NH$_4$)$_2$SiF$_6$ and SiCl$_4$ ［J］. Journal of the Chemical Society, Chemical Communications, 1989 (24): 908-910.

［27］ BEYER H K, BORBÉLY-PÁLNÉ G, WU J. Solid-statedealumination of zeolites ［M］ Elsevie: Studies in Surface Science and Catalysis, 1994, 84: 933-940.

［28］ KUWAHARA Y, AOYAMA J, MIYAKUBO K, et al. TiO2 photocatalyst for degradation of organic compounds in water and air supported on highly hydrophobic FAU zeolite: structural, sorptive, and photocatalytic studies ［J］. Journal of Catalysis, 2012, 285 (1): 223-234.

［29］ WANG M, ZHANG J, ZHOU Q, et al. Effect of Al: P ratio on bonding performance of high-temperature resistant aluminum phosphateadhesive ［J］. International Journal of Adhesion and Adhesives, 2020, 100: 102627.

［30］ KLIER K, RALEK M. Spectra of zynthetic zeolites containing transition metal ions—II. Ni^{2+} ions in type a linde molecular sieves ［J］. Journal of Physics and Chemistry of Solids, 1968, 29 (6): 951-957.

［31］ ZHANG S, GUI B, BEN T, et al. Switchable molecular sieving of a capped metal organic frameworkmembrane ［J］. Journal of Materials Chemistry A, 2020, 8 (38): 984-990.

［32］ BALKUS K J, GABRIELOV A G. Zeolite encapsulated metal complexes ［J］. Journal of Indusion Phenomena and Molecular Recognition in Chemistry, 1995, 21 (1-4): 159-184.

［33］ WECKHUYSEN B M, VERBERCKMOES AA, FU L, et al. Zeolite-encapsulated copper (II) amino acid complexes: synthesis, spectroscopy, and catalysis [J]. The Journal of Physical Chemistry, 1996, 100 (22): 456-461.

[34] HE X, ANTONELLI D. Recent advances in synthesis and applications of transition metal containing mesoporous molecular sieves [J]. Angewandte Chemie International Edition, 2002, 41 (2): 214-229.

[35] LIU P, WU M, LI L, et al. Ideal two-dimensional molecular sieves for gas separation: metal trihalides MX_3 with precise atomic pores [J]. Journal of Membrane Science, 2020, 602: 117786.

3 硅酸盐氧化还原分子筛体系

3.1 硅酸盐氧化还原分子筛研究进展

前文已经对氧化还原分子筛的概况作了系统性的阐述，本章就其代表性体系之一———含有氧化还原活性位的硅酸盐分子筛进行详细的介绍及说明。

本研究以硅酸盐分子筛中研究较为广泛的 Silicalite-1 为例。该母体分子筛为全硅 MFI 型，孔道结构规整，包括十元环直孔道和十元环"之"字孔道；孔径在 0.55 nm 左右，与多种物质的分子动力学直径相似，在吸附和催化等领域有着重要的应用。由于铝原子的缺失及特殊的十元环孔道结构，其具有良好的热稳定性、吸附分离性及疏水亲油性；且其阳离子交换容量小，骨架呈中性[1-3]。Silicalite-1 上的活性位点为弱酸位点，不存在强酸活性中心，为硅醇基团，在 300 ℃ 以上起 Bronsted 酸的作用[4]，尤其适用于在高温下的膜催化反应以及气体分离，在工业上得到广泛的应用。此外，Silicalite-1 分子筛膜是一种典型的 MFI 分子筛膜。其孔径与常规分子大小相似，具有较高的化学稳定性、热稳定性和机械稳定性。其骨架不含 Al，疏水性强，适用于膜催化反应和高温气体混合物的分离。Silicalite-1 分子筛膜的合成条件相对宽松，易于制备；并且晶体畸变、异形晶体等缺陷较少，因此常成为分子筛膜研究的重点和首选对象[5]。

当硅酸盐分子筛含有过渡金属时，其基元结构 [SiO_4] 非常容易变形和极化（见图 3-1），在内部会形成极性电场[6]。因此，该系列氧化还原分子筛因具有独特的电子结构、较宽的光吸收范围以及高效的载流子传输效率[7]而备受关注。

图 3-1　层状硅酸盐结构[2]

3.2　硅酸盐氧化还原分子筛研究实例

如前所述，silicalite-1 沸石分子筛具有优良的物化性质[8]，并且因其孔径尺寸与工业上许多原料的分子动力学直径相符合，因此其是非常优异的择形催化材料[9]，具有极大的发展潜力。因此许多学者都致力于它的改性研究，以下是其相对应的氧化还原改性实例。

3.2.1　TS-1 分子筛

钛硅分子筛-1（TS-1）（MFI 结构）自 20 世纪 80 年代被发明以来，一直被视为沸石合成和多相催化领域的基石[10]。Taramasso[11] 及其合作者首次用 Ti 取代了 silicalite-1 分子筛中的 Si。具体来说，他们使用硅酸四乙酯为硅源、钛酸四乙酯为钛源与四丙基氢氧化铵得到具有 MFI 拓扑结构的钛硅分子筛，并命名为 TS-1。

目前水热合成是最优的 TS-1 制备方法，因为通过该方法得到的 TS-1分子筛具有较稳定的催化性能。张腾[12]采用水热法合成了 TS-1 分子筛，以正硅酸乙酯为硅源、钛酸丁酯为钛源，自制四丙基氢氧化铵溶液为模板剂，制备流程主要包括水解硅源、加入钛源、加热除醇、晶化以及干燥焙烧这些步骤。Yansong Han 等[13]利用同样的方式合成了 TS-1 分子筛，并做了碱处理进行改性，使其得到了更加广泛的应用。

此外，同晶取代法操作简单，骨架钛含量可控，因此也有较大的发展前景。气固相的晶体取代方法实际上是在分子筛骨架中除去原子的过程，并用新原子替换它们，因此称为二次合成方法。具体而言，首先移除分子筛中的骨架 Al，进而留下空位。然后，Ti 以气态的形态进入分子筛通道，并嵌入空位中以形成 TS-1（其孔道结构见图 3-2）。该方法不使用昂贵的有机 Ti 源和模板，这大大降低了 TS-1 的成本。Kraushaar[14] 和 Bellussi[15] 等最早均提出用同晶取代法合成 TS-1，用 $TiCl_4$ 作为钛源与有缺陷的硅沸石或经 HCl 脱铝的 ZSM-5 在 500 ℃ 左右的气流中反应，得到 TS-1。

TS-1 分子筛是一种在 MFI 型硅骨架中含钛杂原子的路易斯酸型沸石，是一种里程碑式绿色氧化催化剂，其可在温和条件下活化过氧化氢（H_2O_2）进而选择性氧化烷烃、烯烃、醇、酮、苯酚和胺[16-17]。研究表明，TS-1/H_2O_2 催化氧化过程的本质是通过骨架 Ti 活性位点激活 H_2O_2，形成 Ti—OOH 物种，然后与底物反应，实现"O"转移[18-19]。因此 TS-1 已经被成功应用于液相氧化还原催化体系。例如，A. C. Alba-Rubio 制备了不同 Ti/Si 比（0.01~0.08）的钛硅分子筛（TS-1），并研究了其对 H_2O_2 液相氧化糠醛的催化性能（见图 3-3）。他们发现骨架外 Ti 相比骨架 Ti（IV）对于反应物更敏感，但是前者会明显降低糠醛氧化生成马来酸的选择性[20]。Yoshihiro Kon 等人[21]以 Ti 取代的 silicalite-1 为催化剂，H_2O_2 为氧化剂，甲醇/乙腈混合物为溶剂，在 40 ℃ 下，由烯丙氧基苯化学选择性合成 2-（苯氧基甲基）环氧乙烷，收率超过 90%。并且，他们也没发现 TS-1 中的 Le-wis 酸性所引发的副反应[22]。当反应底物的范围扩展到含各种取代基的烯丙氧基苯，TS-1 依然可以体现出较高的催化活性。由密度泛函理论计算所证明，由 TS-1 与 H_2O_2 反应所生成的钛氧活性物种是将烯丙氧基苯选择性氧化为 2-(苯氧甲基)环氧乙烷的关键[23]。

图 3-2　TS-1 钛硅分子筛孔道结构[35]

图 3-3　Ti/Si = 0.04 的动力学曲线（A）及比较制备的
不同 Ti/Si 的 TS-1 催化剂在 4h 反应时间下的性能（B）[20]

　　将 TS-1 应用于固定床反应系统的例子也不在少数。Wenping Feng 等[24]用 TS-1/SiO$_2$ 催化剂催化丙烯与 H$_2$O$_2$ 的环氧化反应。他们发现丙烯的转化率随反应温度和溶剂浓度的增加而降低，但随 H$_2$O$_2$ 浓度的增加而增加。尽管 TS-1 催化剂在过氧化氢丙烯环氧化反应中表现出优异的催化活性和选择性，但催化剂失活不可避免地会随着反应时间的延长而发生[25]。更为重要的是，催化剂失活的主要原因是环氧丙烷和副产物形成的低聚物堵塞了催化剂中的通道，并且这些低聚物也会吸附在 TS-1 中的钛活性中心[26]。吴国强[27]也将 TS-1 分子筛应用于固定床系统上催化丙烯环氧化反应。以甲醇为反应溶剂，丙烯与 H$_2$O$_2$ 在 TS-1 催化剂的作用下反应，该反应包括主反应生成环氧丙烷（PO）和副反应生成丙二醇单甲醚（MME）、丙二醇（PG）（见图3-4）。他们首先研究了反应温度、反应压力、甲醇浓度和 H_2O_2 浓度对转化率、产物选择性和催化剂稳定性的影响；其次，研究了催化剂经碱改性、沉积碳改性、烷基化改性等对催化剂稳定性的影响；最后，研究了反应温度、甲醇浓度、H_2O_2 浓度等对催化剂失活的影响，同时考察了失活反应动力学[28]。结果表明，催化剂稳定性随反应温度升高，以及反应压力、甲醇浓度、环氧丙烷选择性的增加而提高。他们试图将 TS-1 进行进一步的改性，但对其稳定性并未能产生积极的影响，相反却对环氧丙烷选择性产生较大影响。同时，该研究动力学也证实了升高反应温度和甲醇浓度或降低 H_2O_2 浓度都能减缓 TS-1 的失活[29]。

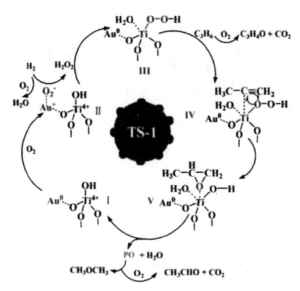

图3-4　H_2O_2 在 TS-1 催化剂作用下与丙烯气相环氧化的反应机理[27]

目前，具有分级多孔性质的 TS-1 分子筛进入了研究者们的视野[30]。TS-1 分级分子筛具有丰富的晶内连续中孔和大量活性骨架钛物种，同时具有微孔和中孔，因此具有减少扩散路径、增加比表面积和提高催化活性的优点[31]。与传统的仅具有微孔的 TS-1 分子筛相比，该分子筛具有更高的烯烃环氧化催化活性。因此，分级沸石有望成为下一代明星催化剂，进而应用于重油裂解制燃料、生物质平台化学品、聚合物降解制烯烃等[32]。Yuan-chao Shao 等[33]报道了一种合成分级 TS-1 沸石的新型低成本策略，是利用 CO_2 去诱导水凝胶进而限制结晶的方式获得。选择 CO_2 使结晶前体凝胶化的原因是其在 TS-1 的合成中被证明是良好的碱度调节剂，可达到促进骨架钛物种形成及提高沸石结晶速率的效果。很明显其他酸性物质达不到这样的效果。Min Zhang[34]等高效制备了具有丰富介孔结构的 TS-1 分子筛，并提高了其在 1-己烯环氧化反应中的活性。具体来说，他们报告了一种 PAM 原位成核的空间限制策略，用于构建分级 TS-1 沸石。他们的概念是首先在合成溶液中形成 PAM 的聚合物网络结构，然后以团簇形式包覆 PAM，最后在 TS-1 纳米颗粒之间和纳米颗粒内部同时形成分级孔隙（见图 3-5）。

图 3-5　分级 TS-1 的形成[34]

3.2.2　TS-2 分子筛

TS-2 钛硅分子筛（MEL 结构）是一种具有二维孔道的四方晶系（见图 3-6），有与 ZSM-11 分子筛相同的 MEL 结构。其骨架结构的性质类似于 TS-1 分子筛[35]，即包含了钛氧四面体和硅氧四面体，Ti 以 Ti（-O-Si-）$_4$ 的形式与 Si 相连，进而均匀地存在于四面体中。

TS-2 应用于催化领域的实例也不在少数。Georgi N. Vayssilov 等[36]以 H_2O_2 为氧化剂，研究了钛硅分子筛 TS-1 和 TS-2 催化单烷基苯芳环上的羟基化反应生成对应的烷基酚。对应异构体主要以甲醇或乙醇为溶剂形成。对于乙基苯和 1-丙基苯，脂肪链的第一个碳原子也会被氧化成醇和酮。在相同的反应条件下，甲醇的转化率高于乙醇，4 h 后的转化率为 5.1%。在两种溶剂中，反应都对侧链氧化有选择性。当过氧化物浓度较低时，乙醇对环羟基化的选择性最高（15%）。乙醇与酮的摩尔比大于 TS-1，而 TS-2 的摩尔比为 1.5。氧化剂和催化剂用量的减少导致所有产物的转化率几乎成比例地下降。TS-1 分子筛联合过氧化氢催化乙苯的液相氧化反应最适于制备 1-苯乙醇，其选择性最高可达甲醇中氧化产物的 93%。催化剂用量少，可进一步提高 1-苯乙醇的选择性。TS-2 分子筛对苯乙酮的转化率最高，但易发生进一步的氧化。

此外，Agnieszka Wróblewska[37]等研究了在钛硅分子筛 TS-2 催化剂和甲醇为溶剂的反应条件下，各反应工艺参数对 H_2O_2 催化烯丙醇环氧化反应的影响。结果显示，当在 20 ℃下进行催化环氧化反应时，在钛硅沸石 TS-2 催化剂和甲醇作为溶剂的条件下，使用 30%w/w（质量百分比），H_2O_2 能获得最好的结果。Kang 等[38]研究了将 TiO_2 薄膜和 TS-2 钛硅分子筛相结合，以提高染料敏化对太阳能的光转化效率。结果表明，TS-2 的催化效果更好。

图 3-6　TS-2 钛硅分子筛孔道结构[35]

3.2.3　Fe-S-1 分子筛

除了钛硅分子筛，铁硅分子筛（Fe-Si-1）也备受研究者的青睐。Fe-Si-1 是指一部分 Fe^{3+} 物种进入硅质岩（Si-1）骨架而合成的一种沸石微孔材料[39]。Fe^{3+} 的加入使得 Si-1 分子筛的活性提升，因此我们将 Fe-Silicalite-1 的活性更多地归因于骨架 Fe^{3+} 的存在。

Fe-Si-1 目前也被许多研究者加以利用。例如 Pei Yu[40]等以 Fe-Si-1、ZSM-5 和 Si-1 为载体，分散活性金属 Pt 进而催化正十二烷脱氢。实验结果表明，与 Pt/ZSM-5 催化剂相比，Pt/Fe-Si-1 催化剂表面上较低的焦炭形成是因为抑制了酸催化的进一步脱氢、聚合和环化副反应。而 Pt/Fe-Si-1 对正十二烷脱氢具有较高的催化活性（50%）、选择性（99.3%）和循环催化活性。

Hualiang Zuo[41] 等在微型固定床反应器中，以 H_2O_2 为氧化剂，在 Fe-Silicalite-1（其孔道结构见图 3-7）催化剂上进行了甲烷选择氧化制烃氧化物的研究。考察了不同催化剂粒径尺寸、不同焙烧温度及不同催化剂表面酸性质对反应结果的影响。结果表明，约 400 nm 的亚微米晶粒尺寸是最优的催化剂粒径，提高其煅烧温度，会观察到越来越多的骨架外 Fe 物种，同时观察到此类物种的类型和结构也越来越多。这些新形成的额外骨架 Fe 物种似乎正是 H_2O_2 分解和氧化物过度氧化的原因。类似地，Brønsted 酸位点似乎也只能促进 H_2O_2 的分解和氧化物的过度氧化[42]。Mduduzi N. Cele Holger B 等[43] 用溶胶-凝胶法合成了催化剂 Na-Fe-Silicalite-1、H-Fe-Silicalite-1 及 Na-Silicalite-1，将 Fe 作为分子筛骨架中的一种状态来使用。因为 Fe 已被证明是一种良好的氧化金属，将其结合到 MFI 基质中，有利于形状选择性催化，提供了实现选择性辛烷活化的可能性。

图 3-7　Fe-Silicalite-1 分子筛孔道结构[41]

3.2.4　Mn-S-1 分子筛

虽然过渡金属结合硅沸石分子筛作为催化剂活性很高，但也会产生很多副反应，如上文所述的 Fe-S-1 中的 Fe 物种会造成 H_2O_2 在反应过程中的过度消耗以及反应底物的速度深度氧化，而 Mn-S-1 可以较好地规避这些问题。在这些 M-S-1 中，Mn-S-1 最为突出，因为锰（Mn）在配体环境中表现出公认的多相催化活性[44]。

在中性条件下，Younghee Ko[45] 等通过水热转化锰离子交换磁赤铁矿

（Mn-Magadite）实现了 Mn 在硅质岩-1（Mn-Silicalite-1）骨架中的掺入。Jing Zhao 和 Yifu Zhang 合作[46]在中性条件下，以四丙基溴化铵为模板，通过锰镁铁矿的重结晶，将 Mn 成功掺入硅质岩-1（Mn-Silicalite-1）的骨架中（见图3-8），研究了合成条件如反应时间、温度和前驱体来源等因素对 Mn-Silicalite-1 成相的影响，并证明 Mn 原子被成功地掺杂到 Mn-Silicalite-1 的骨架中，合成了物相均匀的 Silicalite-1 固溶体；此外，还用苯乙烯氧化法作为评价体系，对 Mn-Silicalite-1 的催化性能进行了评价，结果表明该催化剂对苯乙烯具有良好的转化率（92%）。但在不同温度下催化反应的产物选择性完全不同。具体来说，温度为 25 ℃时，氧化苯乙烯的选择性可达 94.46%，而温度为 95 ℃时，苯甲醛的选择性则高达 94.46%。

图 3-8   Mn-Silicalite-1 合成[46]

3.2.5   Nano-S-1 分子筛

纳米 Silicalite-1（Nano-S-1）的出现无疑是促进了硅酸盐分子筛的发展，有助于研究者们更深层次地了解 Silicalite-1。具体来说，Nano-S-1（其 TEM 图见图3-9）具有独特的表面界面效应、体积效应、库伦阻塞效应以及宏观量子效应等，会使硅酸盐本身的理化性质得到根本性的提升。另外，纳米沸石晶体材料在活性、选择性、能耗和成本效益方面都优于传统的微米级材料[47]。其中，纳米催化剂的催化活性与其粒径有很大关系，两者关系成反比，即粒径越小，催化活性越高。表面原子的相对比例也随颗粒的大小而变化；另外，较低的颗粒尺寸也允许各种晶体平面在表面上的暴露，从而增强了催化剂的表面的化学修饰性或金属负载稳定性。

在温和条件下，Nano-S-1 可催化以 H_2O_2 作为氧化剂在液相中的甲苯选择性氧化。MAAZ NAW AB[48]等最初以水玻璃为硅源，四丙基氢氧化铵为模板，从透明溶液中获得纳米 Silicalite-1，并以 H_3PO_4 为促进剂，在最短时间内合成结晶度良好的 Nano-S-1，探索金属浸渍纳米 Silicalite-1 作为催化剂催化甲苯氧化的性能。研究发现，铜浸渍 Nano-S-1 对 H_2O_2 氧化甲苯具有较高的反应活性。Sunita Baro[49]等采用常规水热法制备 Nano-S-1，并通过锂、钾、铯等碱金属改性转化为高效固体碱催化剂，由此得到的 Nano-S-1 表现出优异的基本性能。此外，他们使用该催化剂进行了以甘油三乙酸酯与甲醇酯交换反应为评价体系的催化活性测试。结果显示，三乙酸转化率可达 94%，对乙酸甲酯的选择性为 98%。这说明改性纳米硅酸盐具有优异的催化性能。

Lejian Zhang[50]等报告了一种在 90 ℃和常压反应条件下由气相二氧化硅快速合成 Nano-S-1 晶体的方法。在合成过程中，所有的 SiO_2 都被转化为 Silicalite-1，此外，剩余的有机模板也可以循环使用，使得合成过程中没有废弃物排放。因此，Nano-S-1 不但表现出高效的催化性能而且其合成过程也简单、无污染。

图 3-9   Nano-S-1TEM 图[50]

3.2.6   @ Silicalite-1 分子筛

@ Silicalite-1 分子筛是一种核壳复合材料，是近些年发展起来的一种新型硅酸盐材料。其 Brønsted 酸位点位于受限的微孔内或外表面，将极大地有助于调节沸石催化剂的酸性质。在实际的催化反应中，微孔的限制对反应物和产物的形状都有一定的选择性，但由于其外表面酸性质的影响，会引发副反应的发生。优化沸石外表面理化性质的一种有效方法是包裹外表面形成壳层，从而得到核壳结构的沸石（@ Silicalite-1）[51]。由于其依然具有沸石的多孔结构和组成结构的多样性，因此合理的沸石核壳组合有望具有可调节的酸度和保存良好的水热稳定性的双重功能。

@ Silicalite-1 分子筛的制备方法有外延过度生长和种子诱导二次生长

两种方法。在外延过度生长中，壳核之间的连通性受到异质外延或同质外延特性的兼容性的限制[52]。而在种子诱导二次生长中历程，组成沸石壳层的纳米粒子首先吸附到核心沸石表面，然后再进行二次晶体生长[53]。例如，Cun Liu[54]等采用种子诱导生长策略，成功制备了被 Pd 包裹的 S-1，即 Pd @ Silicalite-1（Pd@ S-1）核壳催化剂。实验结果表明，Pd NPs（纳米颗粒）在 S-1 晶体表面具有良好的封装性和分散性，其尺寸在 3.2 nm 左右。该核壳型催化剂在烯烃加氢反应中表现出优异的形状选择性，与传统的 Pd/S-1 催化剂相比，此种方法负载的 Pd 纳米粒子不需要频繁再生，催化稳定性极佳。此外，Ce Peng[55]等提出了一种超快合成后处理方法来制备由 ZSM-5核和 Silicalite-1 壳组成的核-壳结构沸石。采用这种方法，在几分钟内就形成了纯硅外壳。这种方法的目的是去除铝硅酸盐芯外表面与框架 Al 相关联的 Brønsted 酸位点。通过调整处理周期、温度和反应物组成，研究人员可以很轻松地调整壳体的厚度。此外，这种超快过程使连续流反应体系的构建提供了可能，从而允许具有核壳结构的沸石催化剂大规模生产制备。

当然，作为新兴发展材料，@ Silicalite-1 分子筛的催化应用也备受关注。Xiaoqing Feng[56]采用两步种子法结合定向水热生长法合成了核壳型 Pd@ silicalite-1催化剂并将其用于甲烷燃烧，在催化稳定性方面，具有完整外壳的 Pd@ S-1 催化剂在实际的反应条件下稳定性可维持 200 h，并保证转化率不下降。Chao Yang 等[57]通过在 Y 型沸石芯与 S-1 壳之间的树脂中间层控制双向化学环境，合成了高性能 Y@ silicalite-1 核-壳型选择性吸附脱硫复合材料。在此过程中，采用碱处理、Cu^{2+}离子交换、Cu^{2+}等容浸渍、树脂包覆和乙二胺改性协同工作，提高了材料的形状选择性及硫吸附能力。吸附动力学和等温分析表明[58]，反应底物在 Y 分子筛上的吸附为单层化学吸附过程，相应的理论饱和吸附容量可达 84.6 mg /g。煅烧前进行乙醇萃取可有效提高其再生能力，确保催化剂经过 6 次循环，仍能保持92%以上的高脱硫率水平。

Yue Yan[59]报道了在 Silicalite-1 晶体催化剂中稳定的超小氧化钴团簇（~1.7nm）（CoO@ Silicalite-1），在果糖转化为乳酸甲酯的过程中表现出优异的催化活性和抗烧结性。Co 负载的 CoO@ Silicalite-1 的合成路线见图 3-10。由于 CoO@ Silicalite-1 的超小的 CoO 粒径（~1.7nm），即 Silicalite-1 骨架外的 CoO 或 Co_3O_4 颗粒相比，因此 CoO@ Silicalite-1 的 Co 质量比活性（mg MLA/mg Co）比后者高出近 100 倍。更重要的是，通过简单的煅烧去除焦炭，该催化剂就可表现出良好的可再生利用性能。

图 3-10　Co 载荷下 CoO@ silicalite-1 的合成路线[60]

参考文献

［1］尹双凤，徐柏庆. Silicalite-纳米晶的尺寸控制合成［J］. 高等学校化学学报，2003（7）：169-171.

［2］龙英才，杨国荣，孙尧俊. 硅沸石 Silicalite-1 吸附与脱附性质的研究I. 若干气体及小分子烃类的吸附与脱附［J］.石油化工，1994（12）：786-791.

［3］FU H, ZHU D Q. In situ hydrothermal grown silicalite-1 coating for solid-phase microextraction［J］. Analytical Chemistry, 2012, 84 (5)：66-72.

［4］PALANI A, TAZULLSLAM B, MUHAMMAD N A, et al. Silicalite-1 as efficient catalyst for production of propene from 1-butene［J］. ACS Catalysis, 2014, 4 (51)：205-214.

［5］TAKAYUKI B, H HIDEKI M, CHIHARU S, et al. Silicalite-1 synthesis from silicate aqueous solutions including amines as a base［J］. Journal of Porous Materials, 2005, 12 (4)：255-263.

［6］Li S J, CHEN J L, HU S W, et al. A novel 3D Z-scheme heterojunction photocatalyst：$Ag_6Si_2O_7$ anchored on flower-like Bi_2WO_6 and its excellent photocatalytic performance for the degradation of toxic pharmaceutical antibiotics［J］. Inorganic Chemistry Frontiers, 2020 (7)：529-541.

［7］LOU Z Z, HUANG B B, WANG Z Y. $Ag_6Si_2O_7$：a silicate photocatalyst for the visible region［J］. Chemistry of Materials：A Publication of the American Chemistry Society, 2014, 26 (13)：873-875.

[8] BRUNO R F, ANABELA A V, LIN Z, et al. Photoluminescent porous and layered lanthanide silicates: a review [J]. Microporous and Mesoporous Materials, 2016, 234: 73-97.

[9] 石笑竹. Silicalite-1分子筛及其分子筛膜的合成与表征 [D]. 太原: 太原理工大学, 2015.

[10] TARAMASSO M, PEREGO G, NOTARI B, et al. Preparation of porous crystalline synthetic material comprised of silicon and titanium oxides: US, US4410501A [P]. 1983-10-18.

[11] PEREGO G, BELLUSSI G, CORNO C, et al. Titanium-silicalite: a novel derivative in the pentasil family [J]. Studies in Surface Science and Catalysis, 1986, 28: 129-136.

[12] 张腾. TS-1催化环己酮氨肟化反应的研究 [D]. 天津: 天津大学, 2015.

[13] YUKIHIRO M, TAKASAKI M, YOON S H, et al. Rhodium nanoparticles supported on carbon nanofibers as an arene hydrogenation catalyst highly tolerant to a coexisting epoxido group [J]. Organic Letters, 2009, 11: 42-45.

[14] B K, J H C, VAN H. A new method for the preparation of titanium silicalite-1 (TS-1) [J]. Catalysis Letters, 1988, 1 (4): 81-84.

[15] G B, V F. Isomorphous substitution in zeolites: a route for the preparation of novel catalysts [J]. Studies in Surface Science and Catalysis, 1991, 69 (36): 79-92.

[16] Fan W B, DUAN R G, T Y, et al. Synthesis, crystallization mechanism, and catalytic properties of titanium-rich TS-1 free of extraframework titanium species [J]. Journal of the American Chemical Society, 2008, 130 (31): 50-64.

[17] WANG C, GUO H D, LENG S Z, et al. Regulation of hydrophilicity/hydrophobicity of aluminosilicate zeolites: a review [J]. Critical Reviews in Solid State and Materials Sciences, 2021, 46 (4): 330-348.

[18] KUWAHARA Y, NISHIZAWA K, NAKAJIMA T, et al. Enhanced catalytic activity on titanosilicate molecular sieves controlled by cation-π interactions [J]. Journal of the American Chemical Society, 2011, 133 (32): 62-65.

[19] SHEN C, WANG YJ, XU J H, et al. Synthesis of TS-1 on porous glass beads for catalytic oxidative desulfurization [J]. Chemical Engineering Journal, 2015, 259: 552-561.

[20] A C ALBA-RUBIO, J L G FIERRO, L LENO-REINA, et al. Oxidation of furfural in aqueous H_2O_2 catalysed by titanium silicalite: deactivation processes and role of extraframework Ti oxides [J]. Applied Catalysis B: Environmental, 2017, 202: 269-280.

[21] YOSHIHIRO K, TAKUYA N, HONG D C, et al. Chemoselective epoxidation of allyloxy benzene by hydrogen peroxide over MFI-type titanosilicate [J]. European Journal of Organic Chemistry, 2020, 2020 (15): 60-63.

[22] S P, C D P. A review on polymer-layered silicate nanocomposites [J]. Progress in Polymer Science, 2008, 33 (12): 119-198.

[23] DAVID G, GOPIANTHAN S, SANKAR C, et al. The architecture of catalytically active centers intitanosilicate (TS-1) and related wselective-oxidation catalysts [J]. Physical Chemistry Chemical Physics: PCCP, 2000, 2 (20): 812-817.

[24] FENG W P, WANG Y Q, WU G Q, et al. Liquid phase propylene epoxidation with H_2O_2 on TS-1/SiO_2 catalyst in a fixed-bed reactor: experiments and deactivation kinetics [J]. Journal of Chemical Technology & Biotechnology, 2015, 90 (8): 489-496.

[25] Wang L, WANG Y Q, WU G Q, et al. Epoxidation of propylene over titanium silicate-1 in a fixed-bed reactor: experiments and kinetics [J]. Asian J Chem, 2014, 103: 943-950.

[26] G F THIELE, E ROLAND. Propylene epoxidation with hydrogen peroxide and titanium silicalite catalyst: activity, deactivation and regeneration of the catalyst [J]. Journal of Molecular Catalysis A Chemical, 1997, 117 (1): 351-356.

[27] 吴国强. 固定床上 TS-1 催化丙烯环氧化制备环氧丙烷反应研究 [D]. 天津: 天津大学, 2013.

[28] WANG Q F, WANF L, CHEN J X, et al. Deactivation and regeneration of titanium silicalite catalyst for epoxidation of propylene [J]. Journal of Molecular Catalysis A Chemical, 2007, 273 (1): 73-80.

[29] CHEN J X, MI Z T, WU Y L, et al. Deactivation of the titaniumsilicalite catalyst in propylene epoxidation [J]. Fuel Chem Technol, 2003, 31: 80-85.

[30] CHRISTOPHER M AP, KAREN W, ADAM F L. Hierarchical porous materials: catalytic applications [J]. Chemical Society Reviews, 2013, 42 (9): 76-93.

[31] Du Q, GUO Y P, WU P, et al. Facile synthesis of hierarchical TS-1 zeolite without using mesopore templates and its application in deep oxidative desulfurization [J]. Microporous and Mesoporous Materials, 2019, 275: 61-68.

[32] HARTMANN M, MACHOKE A G, SCHWIEGER W. Catalytic test reactions for the evaluation of hierarchical zeolites. [J]. Chemical Society Reviews, 2016, 45 (12): 13-30.

[33] SHAO Y C, WANG H G, LIU X F, et al. Single-crystalline hierarchically-porous TS-1 zeolite catalysts via a solid-phase transformation mechanism [J]. Microporous and Mesoporous Materials, 2021, 313.

[34] ZHANG M, REN S Y, GUO Q X, et al. Synthesis of hierarchically porous zeolite TS-1 with small crystal size and its performance of 1-hexene epoxidation reaction [J]. Microporous and Mesoporous Materials, 2021 (11), 395.

[35] SPAVLIDOU , C D PAPASPYRIDES. A review on polymer-layered silicate nanocomposites [J]. Progress in Polymer Science, 2008, 33: 119-198.

[36] GEORGI N V, ZDRAVKA P, STEFANKA B, et al. Liquid phase oxidation of alkylaromatic hydrocarbons over titanium silicalites [J]. Studies in Surface Science and Catalysis, 1997, 110: 909-918.

[37] WROBLEWSKA A , MILCHERT E. Epoxidation of allyl alcohol with hydrogen peroxide over titanium silicalite TS-2 catalyst [J]. Journal of Chemical Technology & Biotechnology, 2007, 82 (7): 681-686.

[38] KANG M G, PARK N G, CHANG S H, et al. Enhanced photocurrent of Ru (II) -Dye sensitized solar cells by incorporation of titanium Silicalite-2 in TiO [J]. Bulletin of the Korean Chemical Society, 2002, 23 (1): 140-142.

[39] Xie P F, CHEN L, MA Z, et al. Hydrothermal conversion of Fe_2O_3/SiO_2 spheres into Fe_2O_3/Silicalite-1 nanowires: synthesis, characterization, and catalytic properties [J]. Microporous and Mesoporous Materials, 2014, 200: 52-60.

[40] Yu P, GUI M G, LI Q Y, et al. Active, selective and stable Pt/Fe-silicalite-1 catalyst for dehydrogenation of n-dodecane to linear mono-dodecene [J]. Applied Catalysis A: General, 2020, 608: 117-860.

[41] HUALIANG Z, ELIAS K. Selective oxidation of methane with H_2O_2 over Fe-Silicalite-1: an investigation of the influence of crystal sizes, calcination temperatures and acidities [J]. Applied Catalysis A: General, 2019, 583: 117-121.

[42] PENSACOLA P, TECHNICALC. The AlphOx^{TM} process or the one-step hydroxylation of benzene into phenol by nitrous oxide. Understanding and tuning the ZSM-5 catalyst activities [J]. Topics in Catalysis, 2000, 13: 387-394.

［43］NANOWIRES. New findings on nanowires from Fudan University summarized (hydrothermal conversion of Fe_2O_3/SiO_2 spheres into $Fe_2O_3/Silicalite-1$ nanowires: synthesis, characterization, and catalytic properties) ［J］. Science Letter, 2014.

［44］MENG Y G, GENUINO H C, KUO C H, et al. One - step hydrothermal synthesis of manganese - containing MFI type zeolite, Mn-ZSM - 5, characterization and catalytic oxidation of hydrocarbons ［J］. Journal of the American Chemical Society, 2013, 135: 594-605.

［45］YOUNGHEE K, SUN J K, MYUNG H K, et al. New route for synthesizing Mn - Silicalite - 1 ［J］. Microporous and Mesoporous Materials, 1999, 30 (2): 213-218.

［46］ZHAO J, ZHANG Y F, ZHANG S Q, et al. Synthesis and characterization of Mn-Silicalite-1 by the hydrothermal conversion of Mn-magadiite under the neutral condition and its catalytic performance on selective oxidation of styrene ［J］. Microporous and Mesoporous Materials, 2018, 268: 16-24.

［47］Kanagarajan H, GUNABALAN M, AMIR K, et al. Function of nanocatalyst in chemistry of organic compounds revolution: an overview ［J］. Journal of Nanomaterials, 2013, 2013: 1-23.

［48］NAWAB M, BAROT S, BANDYOPADHYAYR. Nano-sized Silicalite-1: novel route of synthesis, metal impregnation and its application in selective oxidation of toluene ［J］. Journal of Chemical Sciences, 2019, 131 (1).

［49］SUNITA B, MAAZ N, RAJIB B. Alkali metal modified nano-silicalite-1: an efficient catalyst fortransesterification of triacetin ［J］. Journal of Porous Materials, 2016, 23 (5): 197-205.

［50］ZHANG L J, WANG X P, CHEN Y. Rapid synthesis of uniformnanosized silicalite - 1 zeolite crystals under atmospheric pressure without wastes discharge ［J］. Chemical Engineering Journal, 2020, 382 (2): 913.

［51］ROLLMANN L D. ZSM-5 containing aluminum-free shells on its surface: US, 4088605 ［P］. 1978-05-09.

［52］DMITRI V S, ALEXANDER A K, BERTHOLD H, et al. Noncyclic ［10-S-5］ sulfuranide dioxide salts with three S-C bonds: a new class of stable hypervalent compounds ［J］. Journal of the American Chemical Society, 2003, 125: 366-367.

［53］YOUNES B, LOIC R, VALTCHEV . Factors controlling the formation of core-shell zeolite-zeolite composites ［J］. Chemistry of Naterials, 2006, 18 (2): 4959-4966.

[54] LIU C, LIU L, CAO Y, et al. Amino-functionalized seeds-induced synthesis of encapsulated Pd@ Silicalite-1 core-shell catalysts for size-selective hydrogenation [J]. Catalysis Communications, 2018, 109: 16-19.

[55] PENG C, LIU Z, YONEZAWA Y, et al. Ultrafast post-synthesis treatment to prepare ZSM-5@ Silicalite-1 as a core-shell structured zeolite catalyst [J]. Microporous and Mesoporous Materials, 2019, 277: 197-202.

[56] FENG X Q, TAO W A, LONG M A, et al. Excellent stability for catalytic oxidation of methane over core-shell Pd@ Silicalite-1 with complete zeolite shell in wetconditions [J]. Catalysis Today, 2021.

[57] Yang C, WEI J S, YE G, et al. Controlling the bidirectional chemical environments for high-performance Y@ Silicalite-1 core-shell composites in shape selective desulfurization [J]. Separation and Purification Technology, 2021, 279.

[58] ZHAO Y W, SHEN B X, SUN H. Chemical liquid deposition modified ZSM-5 zeolite for adsorption removal of dimethyl disulfide [J]. Industrial & Engineering Chemistry Research, 2016, 55 (22): 475-480.

[59] YAN Y, ZHANG Z H, BAK S M, et al. Confinement of ultra small cobalt oxide clusters within silicalite-1 crystals for efficient conversion of fructose into methyl lactate [J]. ACS Catalysis, 2019, 9 (3): 923-930.

4 磷铝酸盐氧化还原分子筛体系

传统的沸石分子筛是具有一维、二维或三维结构的微孔晶体，是由 SiO_4 和 AlO_4 四面体为结构单元，通过氧桥连接而形成的材料。磷酸铝分子筛的出现不仅丰富了分子筛家族，而且打破了分子筛由硅氧四面体和铝氧四面体组成的传统观念。磷铝酸分子筛（$AlPO_4-n$，n = 分子筛的结构类型），又称磷酸铝分子筛，简称"磷酸铝"，是一种由磷酸铝组成的多孔材料，具有分子筛的功能，是由美国联合碳化物公司（UCC）于 20 世纪 80 年代初开发的一类新型分子筛，具有规则的孔道和大的比表面积，并且磷铝酸分子筛具有良好的水热稳定性、独特的吸附性和催化活性。具体来说，其结构中含有等量的磷氧四面体和铝氧四面体，相互之间由氧共顶点连接，结合磷氧四面体和铝氧四面体不同的排列方式，可形成 6-环孔道、20-环孔道，从而形成了不同的分子筛晶体（见表 4-1）。

表 4-1　常见几种磷铝酸分子筛的结构特征[1]

拓扑结构	代表沸石	孔道体系	维数	孔径/Å	骨架密度/T·nm^{-3}
ATV	AlPO-25	10	1	3.0 * 4.9	19.9
AEL	AlPO-11	10	1	4.0 * 6.5	19.1
AFI	AlPO-5	12	1	7.3 * 7.3	17.3
AET	AlPO-8	14	1	7.9 * 8.7	17.7
VFI	VPI-5	18	1	12.7 * 12.7	14.2
AEI	AlPO-18	8 * 8 * 8	3	3.8 * 3.8	14.8
CHA	AlPO-34	8 * 8 * 8	3	3.8 * 3.8	14.5
LTA	AlPO-42	8 * 8 * 8	3	4.1 * 4.1	12.9
-CLO	DNL-1	20 * 20 * 8	3	4 * 13.2	11.1

Sierra 等于 1994 年首次合成了具有 LTA 拓扑结构的磷酸铝分子筛（AlPO₄-LTA），鉴于同构铝硅酸盐沸石-A 在各个领域的广泛潜在应用，该分子筛引起了研究人员的广泛关注。AlPO₄-LTA 由内径分别约为 6Å 和 11Å 的方钠石笼（β 笼）和超笼（α 笼）组成。方钠石笼与双四环（D4R）单元互连，形成大型 LTA 超笼[2]（见图 4-1）。具有较高的热稳定性和较大的比表面积，骨架不具有酸碱性，因此非常适合作为贵金属负载型催化剂的载体。

图 4-1   LTA 型晶体的 SEM 显微照片[3]

4.1   磷铝酸盐氧化还原分子筛研究进展

磷酸盐分子筛主要由 P、O 及 Al 这三种骨架元素连接构成，其中 [PO₄] 和 [AlO₄] 四面体交错连接形成带有多孔性质的骨架结构。而结构内的 P-O-Al 键由于自身的性质给该系列分子筛提供了多样性的晶体结构组成，使之易于通过金属离子对骨架铝的取代，抑或是进入间隙位等进行修饰改性以得到杂原子分子筛。而这种杂原子分子筛可兼具传统分子筛的水热稳定性及后修饰所带来的氧化还原特性，因此使得磷铝酸盐分子筛具有更好的应用前景[1,3]。

通常，磷酸铝酸盐氧化还原分子筛的合成是通过加热含有铝源、磷源、模板剂、改性金属、pH 调节剂等的化学品来进行的[4]。一般采用的合成方法包括水（溶剂）热法、溶胶-凝胶法、固相法等。与上一章中硅酸盐分子筛的合成方法类似，水热法是发展最成熟、应用最广泛的合成方法。其优点在于操作简单，易于获得品相良好的样品，因此备受研究者们的青睐[5-6]。具体来说，研究人员共开发了十余种水热法，按溶剂类型可分为以水为介质的水热法、以有机液作介质的溶剂热法、以水或有机液的蒸汽作为介质的蒸汽相法和以离子液体为介质的离子热法；若按照反应热源进一步细化则可以分为常规加热法、微波加热法和超声辅助加热法等[7-10]。

陆杨[11]等人使用水热法成功制备出含有微孔和多级孔的CoAPO-5分子筛。其中，微孔CoAPO-5分子筛的形貌呈球状，内部孔道直径为6.16nm；而含有多级孔的CoAPO-5分子筛具有较大的孔径和较高的酸量，在反应时间为3小时的条件下，糠醛的转化率为86.91%，马来酸的收率为85.89%，比微孔CoAPO-5分子筛的活性分别提高了10.91%和21.62%。陈佳琦[12]等人以三乙胺为模板剂，硫酸氧钒为钒源，利用水热法合成了具有AFI结构的V-AlPO$_5$分子筛。当分子筛的V添加量为0.71%时，在以过氧化氢为氧化剂的苯羟基化制苯酚反应中表现出较佳的催化活性。陈胜洲[13]等人在三乙胺模板剂的存在下使用水热晶化法合成了FeAPO-5、CoAPO-5和MnAPO-5分子筛，并将它们应用于O$_2$作为氧化剂时低温环己烷液相氧化反应中。结果表明，Fe、Co、Mn可通过同晶取代方式进入AlPO-5分子筛的骨架，并且骨架杂原子的金属质量分数对环己烷的转化率、目标产物的选择性以及最终的产物分布均有显著影响，而起催化作用的是骨架上的杂原子金属。FeAPO-5分子筛在催化环己烷氧化反应中表现出最优的活性，其转化率为7.93%，KA油（环己醇和环己酮的统称）总选择性达到93%，酮醇比为2.87。而MnAPO-5由于深度氧化能力较强，其催化环己烷氧化反应的目标产物的选择性较低。

通过传统加热法制备的磷铝酸盐分子筛，需要12～120 h甚至更长时间来晶化获得纯品。采用微波加热合成法（Microwave synthesis）相比来说能够有效缩短晶化时间，并能使材料在合成的过程中受热更均匀，显著提高材料的结晶度[14]。以300 MHz~300 GHz的高频电磁波为微波源，具有极强的穿透性。当它作用于物质上时，会产生电子极化、原子极化、界面极化及偶极转向极化等作用，二偶极转向极化是微波能够进行快速加热的主要原因。此外，微波辐射还能够影响分子的空间结构，如促使化学键发生断裂，激发活化反应物的部分分子。利用微波辅助水热合成制备分子筛化合物具有绿色环保、反应条件温和、能源消耗少、产物晶体均一、尺寸小等优点。因此我们可以利用微波辐射的优点，高效且有选择性地合成目标催化剂[9,10]。

除典型的水热法外，一些创新的方法也得到了良好的应用，如蒸汽相法、固相法和溶胶-凝胶法等。其中蒸汽相法是利用加热过程中蒸汽传递的水和有机质合成分子筛的方法，能够有效降低模板剂的需求量，即可直接跳过样品与母液的分离过程从而直接得到目标材料。而使用溶胶-凝胶法制备出的分子筛通常结构更加规整，样品粒径更细小，比表面积也更大，从而能够更多地暴露有效活性位点[15,16]。

F. M. Bautista[17]等人通过溶胶-凝胶法在450℃下煅烧得到几种 P/Al/V 摩尔比不同的铝-钒-磷（Al-V-P-O）体系，并且探讨了其在邻二甲苯选择性氧化中的催化行为及抗失活能力。Al-V-P 三元分子筛体系在邻二甲苯选择性氧化方面表现出比二元体系更好的催化性能，而且活性随铝含量的增加而增加。铝的存在明显提高了钒的还原性。磷酸钒与磷酸铝之间存在着相互作用，且作用大小取决于铝的含量。铝含量较高的体系具有较高的还原性：AlVPO-I-450 > AlVPO-II-450 > AlVPO-III-450。此外，Al-V-P-O 体系的活性值和还原性还受 Al/V 的影响，即随着 Al 含量的增加而增加，而对苯酐和邻苯二甲酸酯的选择性数值变化不大。更为重要的是，所有的催化剂都表现出高度的抗失活能力。

离子热合成法使用离子液体作为反应介质来合成磷铝分子筛，代替了水或其他溶剂[18]。由于离子液体种类繁多，具有无蒸汽压、可为体系提供阳离子、可循环使用等优点，因此采用该方法合成获得的磷铝分子筛具备其他方法所不具备的优势。

采用离子热合成法合成 APO 分子筛时，将有机胺引入离子溶液（IL）中不仅可以提高催化剂构型的选择性，也会影响 APO 分子筛的整体理化性质，从而影响催化剂的整体催化性能。Dawei Li 等人[19]在离子热合成中加入四烷基氢氧化铵合成了具有 SOD 和 AEI 构型的 MeAPO 分子筛（见图 4-2）。研究表明，四烷基铵的种类会影响 MeAPO 分子筛构型，IL 中加入四甲基氢氧化铵（TMAOH）后，得到 SOD 构型的 MeAPO 分子筛。而 AEI 型的 MeAPO 分子筛由四乙基氢氧化铵（TEAOH）、四丙基氢氧化铵（TPAOH）和四丁基氢氧化铵铵（TBAOH）离子热合成。研究还表明，金属离子在 MeAPO 分子筛的离子热合成中具有结构导向作用。为了研究 Co/Al 摩尔比对最终分子构型的影响，他们将反应混合物中的 Co/Al 摩尔比改变为 0～1.5。结果显示，反应混合物中没有 Co 时，只得到致密相。当 Co/Al 比值为 0.5 时，产生 SIZE-1 相。当该值达到 1.0 或更高时，容易得到纯 SOD 和 AEI 构型。这些结果表明，最终结构取决于反应混合物中 Co/Al 的比例。此外，研究还发现四烷基铵阳离子和 IL 阳离子具有竞争作用，只有当四烷基铵阳离子的电荷密度大于或接近 IL 阳离子的电荷密度时，四烷基铵阳离子才能发挥结构导向剂（SDA）的作用。在本研究中，四烷基铵阳离子和 IL 阳离子的电荷密度大小顺序为 TMA$^+$ （0.200） > Emim$^+$ （0.125） >TEA$^+$ （0.1 1 1） > TPA$^+$ （0.077） > TBA$^+$ （0.059）。因此，具体来说，当添加 TEAOH 时，TEA$^+$ 和 Emim$^+$ 阳离子都被吸留在最终产品中；当而加入添加 TPAOH 或 TBAOH 时，Emim$^+$ 阳离子充当 SDA。

图 4-2　合成的 （a） CoAPO-SOD、（b） ZnAPO-SOD、
（c） CoAPO-AEI 和 （d） ZnAPO-AEI 样品的 SEM 图像[19]

4.2　磷铝酸盐氧化还原分子筛研究实例

磷铝酸盐分子筛是具有水热稳定性的分子筛，并且能够通过金属离子对骨架铝或骨架磷进行部分取代，或进入晶格空隙进行改性，有效调节了分子筛的孔道结构和表面酸性，制备出含掺杂异质金属的多相催化剂，从而体现出对选择性氧化反应的良好催化活性[20-22]。

Almudena Alfayate[23]等人用水热合成法制备了含硅 Ti （Ⅲ） APSO-5 和无硅 APO-5 分子筛。Ti （Ⅲ） APSO-5 比无硅 Ti （Ⅲ） APO-5 具有更高的催化氧化能力，这是由于 Ti 和 Si 离子之间存在一定的相互作用，增强了 Ti

活性中心的固有活性，并且，骨架硅也会极大地影响 H_2O_2 和环己烯在分子筛孔道内的吸附作用，因而具有极强的催化能力。在无水参与的反应条件下，Ti（Ⅲ）APSO-5 相比 APO-5 在催化 H_2O_2 选择性氧化环己烯制取丙烯酸反应中，能够体现出较高的催化活性，但几乎没有改善母体催化剂的选择性。

Weiyou Zhou[24] 等人采用水热法制备了 Co、Cr、Fe 和 Mn 等金属改性的 APO-5 沸石，并以叔丁基过氧化氢（TBHP）为氧化剂，将其用于 4-叔丁基甲苯的选择性氧化。结果表明，催化剂的活性与掺杂金属的氧化还原电位直接相关，其中 CoAPO-5 显示出比其他催化剂更高的催化活性，即对 4-叔丁基甲苯的转化率为 15.5%，对 4-叔丁基苯甲醛的选择性为 73.4%。更为重要的是，该催化剂能够在维持原有活性的状况下至少稳定催化五次反应。

何月[25] 等人采用水热法合成了一系列杂原子磷铝酸盐分子筛 M-APO-5（M = Co，Fe，Cu，Zn，Mn）。其中，Co^{2+}，Fe^{3+}，Zn^{2+} 和 Mn^{2+} 较易进入分子筛骨架，而 Cu^{2+} 较难进入。这些含不同过渡金属的 M-APO-5 分子筛对肉桂醇选择性氧化均体现出一定的催化活性（见表 4-2）。其中，CoAPO-5 分子筛具有最优的催化活性，转化率可达 16.7%，肉桂醇环氧化物、肉桂醛和苯甲醛的总选择性可达 95.8%。而其他 M-APO-5 分子筛的选择性在 10% 左右，但反应物会发生深度氧化，致使产物选择性偏低。特别是以 Mn-APO-5 分子筛为催化剂时，反应过程中会产生大量的羧酸和酯类化合物。

表 4-2　M-APO-5 分子筛上肉桂醇氧化反应结果

Solvent	T/℃	Conversion /%	Selectivity/%			
			(3-phenyl-2oxiranyl)	cinnamaldehyde	benzaldehyde	others
methanol	64	—	n. d	n. d	n. d	n. d
acetonitrile	80	—	n. d	n. d	n. d	n. d
1，4-dioxane	60	16.7	16.1	50.3	29.4	4.2
acetone	56	12.1	3.8	11.9	6.0	78.3
toluene	100	52.8	7.7	5.9	10.0	76.4
1，4-dioxane	100	88.1	40.1	11.4	16.4	32.1

张瑞珍[22] 合成了一系列含有不同质量分数 Co、Mn 的磷铝分子筛，Co-APO-5 和 Mn-APO-5，并考察了它们在以氧气作氧化剂时低温氧化环己烷反应中的催化性能。实验结果表明，过渡金属如 Co、Mn 与磷的比例小于

0.1 时，分子筛结晶度较高。CoAPO-5 和 MnAPO-5 对于环己烷选择氧化反应都具有良好的催化活性，同时氧化反应的产物分布均随反应时间的延长而改变。虽然 MnAPO-5 比 CoAPO-5 对于环己烷体现出更高的转化活性，但其也会导致反应物深度氧化。而 CoAPO-5 中 Co/P 比为 0.05 时，其催化效果最佳；具体来说，在 130 ℃下反应 24 h，环己烷氧化主要目标产物为环己醇和环己酮，且其选择性可达 88.5%。

冯国强[26]等人采用水热晶化法合成一系列具有不同 Ti 含量的 Ti-APO-5 分子筛，它们都具有微孔-介孔结构。其中，Ti 有 3 种存在形式，分别为骨架、非骨架和锐钛矿相；而 3 种形式的 Ti 物种会随着 Ti 合成投料量的增加而增加，然而分子筛的结晶度、比表面积和孔容则随着 Ti 投料量的增加而降低。进一步通过环己酮氨肟化反应作为评价试验发现，随着 Ti 含量增加，环己酮转化率和环己酮肟选择性逐渐提高。当 Ti 在分子筛中的质量分数为 14.8% 时，环己酮转化率和环己酮肟选择性分别高达 92.5% 和 95.4%。张瑞珍[21]等人利用三乙胺（TEA）为有机模板剂，利用水热合成法制备了具有不同 Co 含量的微孔磷铝酸盐分子筛 CoAPO-5。研究表明，分子筛结构中存在的四配位 Co（Ⅱ）经焙烧可部分氧化为催化活化中心 Co（Ⅲ），Co（Ⅱ）和 Co（Ⅲ）在连续的氧化还原循环过程中相互传递电子，进而提升了催化剂的整体催化活性。

Almudena Alfayate[27]等人通过水热法制备出不同钛含量的 Ti（Ⅲ）APO-5 催化剂，并在无水条件下将其用于过氧化氢氧化环己烯实验。结果表明，Ti（ⅲ）APO-5 催化剂对环己烯的转化率随着钛含量的降低而呈指数增加，在 Ti/（Ti + Al + P）摩尔比为 0.003 时达到最大，并且对 2-环己烯基氢过氧化物具有很高的选择性（高于 80%）。进一步根据研究推断，较低的钛含量在材料中能够产生较高比例的孤立的钛活性中心，在框架内的单一化学环境能够使得它们在环己烯氧化反应中非常活跃。

单一氧化还原活性中心取代的磷铝酸分子筛具有单一类型的活性中心，而对于涉及多个反应步骤的氧化反应，具有多个活性中心的双取代或多取代分子筛因具有协同作用，更有利于催化反应的进行。

荆补琴[28]等人制备了一系列 Co-APO-5 分子筛，并以环己烷选择性氧化为评价体系，研究了反应溶剂的种类和改性方法对 Co-APO-5 催化性能的影响。结果表明，含 π 键的极性溶剂有利于氧化反应，环己烷的转化率随着溶剂极性的增加而增加。他们进一步将 Si 和 F 引入 Co-APO-5 框架中。试验证明，这两种元素将会使骨架 Co 的取代量下降，但是 F 可以显著提高 Co-APO-5 的结晶度，而 Si 的加入则会促进 Co 发生氧化或还原，从而提高催化剂的整体氧化还原催化活性。

黄可[29]等人使用水热合成法制备了 Cs 改性的 Co-APO-5 分子筛催化剂，并将其用于叔丁基甲苯的选择性氧化反应中，研究表明，经 Cs 改性后的 CoAPO-5 分子筛带有双活性中心，有更高的 Co 含量和碱量，在 60℃ 下，反应 4 小时，其转化率可达 39.4%，对叔丁基苯甲醛的选择性达 73.9%。

S. Said[30]等人以三乙胺为模板剂，通过水热反应制备了 AlPO$_4$-5 分子筛。他们还采用共浸渍法制备了一系列不同摩尔比的 Mo 和 Zn 双金属负载的 AlPO$_4$-5 沸石催化剂（MoZn/AlPO4-5）（见图 4-3），并研究了其对乙醇脱水反应的催化活性。研究表明，AlPO$_4$-5 分子筛对 Mo：Zn（2-6）掺杂剂的抗团聚有积极作用，促进了这两种金属良好的分散性，且 Mo 和 Zn 物种掺入 AlPO$_4$ 和 PO$_4$ 四面体的框架结构中，形成了更均匀的分散结构。此外，Zn 和 Mo 物种通过晶格羟基与 AlPO$_4$-5 结构产生相互作用，并且 Zn 的存在促进了氢物种迁移，减弱了 Mo 和 Zn 之间电子转移进而引起的 Mo-O 键活化，提高了分子筛催化剂的还原性。分子筛催化剂的活性受 Mo：Zn 摩尔比的影响，其中，MoZn（4）/AlPO4-5 表现出最优异的催化活性（催化转化率为 87%）。

Al O P Mo:Zn

图 4-3 MoZn（4）/AlPO4-5 上 Mo 和 Zn 氧化物的相互作用[30]

Weibin Fan[31]等人采用水热合成并表征了一系列 MAPO-5 和（M，N）APO-5（M 和 N = Co^{2+}，Cr^{3+} 和 V^{4+}）分子筛。结果表明，Co^{2+} 能够对 Al^{3+} 进行同构取代；V^{4+} 也可与两个骨架氧原子进行配位而固定在样品上，并且很有可能取代 P^{5+}；但是，数据并不能证明 Cr^{3+} 结合在晶格中。过渡金属离子能够对 Al^{3+} 和 P^{5+} 的同构取代，进而产生了具有酸性和氧化还原位点的催化剂。MAPO-5 分子筛在环己烷的选择性氧化反应中的活性排序是 CrAPO-5（7.8%）> VAPO-5（4.0%）> CoAPO-5（2.9%）> AlPO-5

分子筛（没有检测到活性）。对于每种分子筛，活性取决于引入的过渡金属离子的含量。（M，N）APO-5 分子筛在 H_2O_2 存在下对高环己酮/环己醇比的环己烷选择性氧化具有高活性。由于 Cr 和 V 之间良好的协同作用，（Cr，V）APO-5-0.05-0.03（9.8%）相比于 CrAPO-5 和 VAPO-5 分子筛具有更良好的催化活性，在五次重复运行中，催化性能保持稳定。

杨晓梅等[32]人采用水热合成法制备了不同 Co/Ni 摩尔分数的 CoNiAPO-5 分子筛，得到的分子筛具有典型的 AFI 结构。Co、Ni 元素被引入磷酸铝分子筛的骨架，进而有效地提高了它的酸性和氧化还原能力。其中 Co 进入了 AlPO-5 分子筛的骨架，而大部分的 Ni 位于骨架外，进而只有少部分的 Ni 进入了骨架。因此，所合成的分子筛在环己烷催化选择氧化制备环己酮和环己醇反应中的催化性能显示，CoAPO-5 分子筛具有较高的环己烷转化能力，而对于副产物酸、酯的选择性是 NiAPO-5 >CoAPO-5。CoNiAPO-5 分筛催化活性适中，催化活性几乎不随 Co/Ni 比的改变而变化。但环己酮选择性会随 Ni 含量的增加而升高，副产物酸和酯的量也会增多。上述实验结果表明 Co 和 Ni 之间存在协同作用。

磷铝酸盐分子筛独特的骨架结构本身是并不具有氧化还原催化活性的，而由于其自身的结构性质，其骨架中的金属 Al 又易于被其他金属离子取代，抑或是进入其结构的间隙位等被修饰改性，从而得到金属取代的杂原子分子筛。这种杂原子分子筛可兼具传统分子筛的水热稳定性和氧化还原特性，从而使磷铝酸盐分子筛在催化领域有更好的应用前景。目前金属取代磷酸铝分子筛催化剂在各种反应中表现出较好催化活性，如环己烷、环己烯和环己酮的选择性氧化等。总之，磷酸铝分子筛具有的优异的物理化学性质，将在催化氧化领域发挥更大的作用。

参考文献

[1] 高向平. 磷铝酸分子筛的绿色合成工艺研究 [D]. 兰州：兰州理工大学，2017.

[2] BOUIZI Y, PAILLAUD J L, SIMON L, et al. Seeded synthesis of very high silica zeolite A [J]. Chemistry of Materials, 2007, 19 (4): 652-654.

[3] 刘振华，孙梦雅，曾玉兰，等. 磷铝分子筛的制备与应用进展 [J]. 广州化学，2019, 44 (2): 77-83.

[4] LIU X, WANG T, WANG C, et al. A chemical approach for ultrafast synthesis of SAPO-n molecular sieves [J]. Chemical Engineering Journal, 2020,

381: 122759.

[5] 刘蓉, 肖天存, 王晓龙, 等. 介孔导向剂制备多级孔结构 SAPO-34 分子筛催化剂及其在甲醇制烯烃反应中的应用 [J]. 工业催化, 2016, 24 (12): 23-30.

[6] ZHANG S, MU Y, LV T, et al. The oxidation of dipropylamine in a confined region of $AlPO_4$-41 and its adsorption for Ni (II) from aqueous solution [J]. Microporous and Mesoporous Materials, 2020, 299: 110-129.

[7] 岳利娟, 佟占鑫, 晏精青, 等. 纳米 Au-Pd@ Ce 修饰介孔磷酸铝的制备及其催化氧化环己烷性能 [J]. 工业催化, 2019, 27 (1): 17-22.

[8] WANG C, LIU L, DONG J. Preparation of platinum-loaded AlPO-5 catalyst and its catalytic performance for glycerol oxidation [J]. China Surfactant Detergent & Cosmetics, 2017, 47 (8): 440-457.

[9] 魏廷贤, 高丽娟, 赵天生. Mg-SAPO-34 分子筛的微波合成及其对甲醇制烯烃反应的催化性能 [J]. 石油学报 (石油加工), 2009, 25 (6): 841-845.

[10] ZHAO X, ZHAO J, WEN J, et al. Microwave synthesis of AFI-type aluminophosphate molecular sieve under solvent-free conditions [J]. Microporous and Mesoporous Materials, 2015, 213: 192-196.

[11] 陆杨, 李侨, 王俊, 等. 多级孔 CoAPO-5 分子筛液相催化氧化糠醛制备马来酸 [J]. 石油学报 (石油加工), 2018, 34 (6): 75-81.

[12] 陈佳琦, 李军, 张毅, 等. V-$AlPO_5$ 分子筛催化苯直接羟基化制苯酚 [J]. 应用化学, 2012, 29 (8): 921-925.

[13] 陈胜洲, 晏志强, 刘自力, 等. MeAPO-5 (Me = Fe、Co、Mn) 分子筛的制备、表征及催化环己烷氧化性能 [J]. 广州大学学报 (自然科学版), 2011, 10 (2): 15-20.

[14] WANG M, BAI L, LI M, et al. Ultrafast synthesis of thin all-silica DDR zeolite membranes by microwave heating [J]. Journal of Membrane Science, 2019, 572: 567-579.

[15] ZHANG H X, CHOKKALINGAM A, SUBRAMANIAM P V, et al. The isopropylation of biphenyl over transition metal substituted aluminophosphates: MAPO-5 (M: Co and Ni) [J]. Journal of Molecular Catalysis A: Chemical, 2016, 412: 117-124.

[16] ESTEVEZ R, LOPEZ-PEDRAJAS S, LUNA D, et al. Microwave-assisted etherification of glycerol with tert-butyl alcohol over amorphous organosilica-

aluminum phosphates [J]. Applied Catalysis B: Environmental, 2017, 213: 42-52.

[17] BAUTISTA F M, CAMPELO J M, LUNA D, et al. Study of catalytic behaviour and deactivation of vanadyl-aluminum binary phosphates in selective oxidation of o-xylene [J]. Chemical Engineering Journal, 2006, 120 (1-2): 3-9.

[18] COOPER E R, ANDREWS C D, WHEATLEY P S, et al. Ionic liquids and eutectic mixtures as solvent and template in synthesis of zeolite analogues [J]. Nature, 2004, 430 (7003): 1012-1016.

[19] LI D, XU Y, MA H, et al. Ionothermal syntheses of transition-metal-substituted aluminophosphate molecular sieves in the presence of tetraalkylammonium hydroxides [J]. Microporous and Mesoporous Materials, 2015, 210: 125-132.

[20] 赵瑞花, 董梅, 秦张峰, 等. 不同钴含量 CoAPO-5 分子筛的合成、表征及其催化环己烷氧化性能 [J]. 物理化学学报, 2008 (12): 2304-2308.

[21] 张瑞珍, 董梅, 秦张峰, 等. CoAPO-5 分子筛的结构表征及其催化氧化特性研究 [J]. 太原理工大学学报, 2009, 40 (3): 251-255.

[22] 张瑞珍, 董梅, 秦张峰, 等. CoAPO-5 和 MnAPO-5 分子筛的合成、表征及在环己烷选择氧化反应中的应用 [J]. 燃料化学学报, 2007 (1): 98-103.

[23] ALFAYATE A, SEPúLVEDA R, SáNCHEZ-SáNCHEZ M, et al. Influence of Si incorporation into the novel Ti (III) APO-5 catalysts on the oxidation of cyclohexene in liquid phase [J]. Topics in Catalysis, 2016, 59 (2): 326-336.

[24] ZHOU W, PAN J, SUN F, et al. Catalytic oxidation of 4-tert-butyltoluene to 4-tert-butylbenzaldehyde over cobalt modified APO-5 zeolite [J]. Reaction Kinetics, Mechanisms and Catalysis, 2016, 117 (2): 789-799.

[25] 何月, 董梅, 李俊汾, 等. MeAPO-5 分子筛的合成及其在肉桂醇选择氧化反应中的催化性能 [J]. 物理化学学报, 2010, 26 (5): 5-10.

[26] 冯国强, 高鹏飞, 王永福, 等. 不同钛含量 TAPO-5 分子筛的制备及催化环己酮氨肟化 [J]. 工业催化, 2017, 25 (3): 25-30.

[27] ALFAYATE A, MARQUEZ-ALVAREZ C, GRANDE-CASAS M, et al. Ti (III) APO-5 materials as selective catalysts for the allylic oxidation of cyclohexene: effect of Ti source and Ti content [J]. Catalysis Today, 2014, 227: 57-64.

[28] 荆补琴, 李俊汾, 秦张峰. Co-APO-5 分子筛催化的环己烷选择

氧化：溶剂和改性方法对其催化性能的影响（英文）［J］.燃料化学学报，2016，44（10）：49-58.

［29］黄可，周维友，陈群.Cs 改性 CoAPO-5 分子筛催化对叔丁基甲苯选择性氧化合成对叔丁基苯甲醛［J］.精细石油化工，2015，32（4）：1-5.

［30］SAID S, AMAN D, RIAD M, et al. MoZn／AlPO4-5 zeolite：preparation, structural characterization and catalytic dehydration of ethanol［J］. Journal of Solid State Chemistry, 2020, 287：121-335.

［31］FAN W, FAN B, SONG M, et al. Synthesis, characterization and catalysis of（Co, V）-,（Co, Cr）-and（Cr, V）APO-5 molecular sieves［J］. Microporous and Mesoporous Materials, 2006, 94（1-3）：348-357.

［32］杨晓梅，周利鹏.CoNiAPO-5 分子筛的合成、表征及其催化性能［J］.郑州大学学报（理学版），2009，41（2）：99-102.

5 锰系氧化还原分子筛体系

天然锰矿以及合成二氧化锰的晶体结构大致可分为 3 大类，即一维隧道结构、二维层状结构和三维网状结构，存在 5 种主晶和 30 余种次晶。二氧化锰的基本结构是 1 个锰原子和 6 个氧原子配位形成的六方密堆积结构或立方密堆积结构[1]。Shen 合成出了具有热稳定性的 3×3 隧道结构材料，并将其命名为 OMS-1，随后不同孔径和隧道结构的 OMS 材料也相继被研究人员制备出来[2]。氧化锰八面体是一种具有多孔无机纳米结构的分子筛，具有吸附性、氧化还原性、离子交换性等性质。OMS-2 为典型的氧化锰分子筛，其晶体化学式为 $KMn_8O_{16} \cdot nH_2O$，具有 2×2 孔道结构，孔径约为 0.46 nm。并且，其由 Mn^{2+}、Mn^{3+} 以及 Mn^{4+} 组成混合价态的晶体结构，因此具有优良的催化活性，还具有良好的半导体性能。该系列分子筛是一种相对环保且价格低廉的催化材料，已在醇类氧化反应和挥发性有机物的高级氧化反应中得到了广泛的应用。同时，研究者们也探究了其在可再生能源、电池材料、气体吸附、能源储存以及其他环境领域的应用，并取得了不俗的效果。氧化锰八面体分子筛的具体结构是由共棱以及共用角顶的 MnO_6 为基本构成单元，并由这种基本单元进而形成多种孔道结构稳定的分子筛。将多种金属离子引入到氧化锰分子筛的孔道或者框架中可以调整其结构、形态和晶格参数等，从而改变其化学和物理性能。去除孔道中的金属离子，可以获得具有吸附相应金属离子性能的锰氧化物材料。不同孔道结构的 OMS 材料见图 5-1。

图 5-1 不同孔道结构的 OMS 材料[2]

5.1 Mn 系分子筛合成

传统的氧化锰分子筛制备方法可分为湿法、干法以及干湿法。湿法主要有氧化还原沉淀法、水热法、水热软化学法，干法主要有固态反应法、熔盐法，干湿法则为溶胶-凝胶法。采用不同的制备方法会形成不同结构性质的氧化锰分子筛材料[3]。

通过水热法能够合成出不同形貌和孔道结构的氧化锰分子筛，以典型的氧化锰分子筛 OMS-2 为例，其纳米棒状结构通常使用水热法合成[4]，这种方法也广泛用于合成掺杂金属离子的 OMS-2 材料。金属离子可以进入材料骨架或者分布于孔道结构中，掺杂金属量的不同以及合成方法的不同可能会导致材料结构的差异。同时，合成温度和合成时间的改变也会对所制备的材料产生影响。Yang 等人[5]在不同合成温度及时间条件下制备了掺杂 Ce 的 OMS-2，并研究了不同合成条件对该样品的氧空位浓度和对该样品催化臭氧分解效果的影响。结果表明，不同的温度和时间条件会对低价态锰的形成产生显著影响，提高水热反应温度和时间可以提高材料的结晶度，并增大晶粒尺寸，使材料孔径分布变宽，比表面积变小。但是，水热反应温度过高或者时间过长则会降低催化剂的还原性能。同时，研究者还发现当水热温度为 95~100℃，反应时间在 8~24 小时的条件下可以获得含低价态锰的样品，这也解释了该材料对臭氧分解具备较好活性的原因。不同水热条件和不同时间下制备的 Ce-OMS-2 孔径分布如图 5-2 所示。

图 5-2 不同水热条件（A）和不同时间条件（B）下制备的 Ce-OMS-2 孔径分布

在氧化还原法中，选择不同的氧化剂以及还原剂制备氧化锰分子筛会影响材料最终的形状与尺寸，这也是控制其结构的有效方式。研究人员通常使用高锰酸钾作为氧化剂，含二价锰的化合物作为还原剂，在水热条件下合成 OMS；并且，可在水热条件下掺杂其他金属，如 Li、K、Rb、Cs 等制备 M 型 OMS-2。

溶胶-凝胶法能够获得更小晶粒的粉末状催化剂。在该方法中降低合成温度还能够有效改善粉末状催化剂的形貌。在该方法的合成过程中，金属的前驱体可通过在明胶等稳定剂存在的水溶液中水解二价锰盐获得，或者通过在上述体系中还原七价锰盐获得[6]。

5.2 Mn 系分子筛研究实例

5.2.1 OMS-2 及其掺杂材料

Pahalagedare[7]等人通过快速微波辅助水热法合成了金属掺杂的隐钾锰矿分子筛 M-K-OMS-2，并就温度变化对反应的影响进行了研究。以往研究中金属掺杂的 OMS-2 存在金属掺杂量低以及合成反应时间过长等问题。研究者们通过该微波辅助合成法在较短的反应时间下合成了多金属掺杂的 OMS-2，并重点讨论了 Co-K-OMS-2 的理化性质及其对苯甲醇氧化为苯甲醛的催化活性。

他们发现通过改变反应混合物的 Co^{2+} 与 Mn^{2+} 的比例能够影响 Co-K-OMS-2 的结构。具体来说，随着 Co^{2+}/Mn^{2+} 比例的增加，OMS-2 材料的晶

面间距不断增加。ICP-AES 分析显示，相对于回流法与传统水热法制备的
Co-K-OMS-2，微波辅助水热法所制备的 Co-K-OMS-2 的 Co 含量非常高。
图 5-3 为 TEM/HRTEM 分析结果，未掺杂的 K-OMS-2 呈现出典型的 OMS-2
分子筛的纤维状形貌，掺杂的 Co-K-OMS-2 则为平均长度大于 1 μm 的线状
结构。其中，未掺杂的 K-OMS-2 材料晶面间距约为 6.80 Å（见图 5-3a），
掺杂的 50% Co-K-OMS-2 材料的晶面间距为 7.30 Å（见图 5-3b），而 70%
Co-K-OMS-2 则呈现出 7.45 Å 的晶面间距（见图 5-3c）。掺杂金属的
K-OMS-2材料对苯甲醇选择性氧化生成苯甲醛的转化率均优于未掺杂的材
料，而通过微波辅助水热法合成的掺杂 Co-K-OMS-2 材料优于其他方法获
得的催化剂，其催化转化率可达 55%，选择性可达 100%，并且可以通过调
整 Co 与 Mn 的比例来调整晶格结构。

图 5-3　K-OMS-2、50% Co-K-OMS-2 以及 70% Co-K-OMS-2 的 TEM/HRTEM 图像

Hou[8] 等人制备了由磷钨酸和 OMS-2 组成的纳米复合材料［PW］-OMS-2，
其作为一种高效且可重复利用的多相催化剂，具有对 N-杂环化合物良好的
氧化脱氢催化性能。在此基础上，他们还采用预掺入法与湿浸渍法合成了
PW-OMS-2 和 PW/OMS-2，优化了对有机污染物罗丹明 B 等污染物的催化
降解性能。

Zhang[9]等人合成了一系列掺杂金属的新型 OMS-2 材料，其中掺杂 Ce 和 Bi 的 OMS-2 材料 Ce-Bi-OMS-2 相对于未掺杂和只掺杂 Ce 或 Be 的材料对酸性红具有良好的氧化降解活性。根据以往的研究，Ce 可以增加固体材料表面氧空位的浓度，Ce^{4+} 和 Ce^{3+} 之间易发生快速电子转移，因此 Ce 的掺杂有益于催化氧化活性的提高，而 Bi 则可以显著改善催化剂中的电子转移，从而协同提升催化活性。

Adjimi 等人[10]使用离子交换法制备了掺杂贵金属的隐钾锰矿分子筛 Ru/K-OMS-2、Pt/K-OMS-2、Ag/K-OMS-2，并研究了掺杂贵金属和其他金属的 K-OMS-2 对 NO 的催化氧化活性。Adjimi 等人发现，与未掺杂贵金属的 K-OMS-2 相比，虽然离子交换法制备的掺杂贵金属的 K-OMS-2 在结构和形态上无明显变化，但是掺杂的贵金属明显影响了所制备材料的氧化还原能力。其他金属的掺杂会对 NO 的催化氧化产生不利影响，而部分贵金属的掺杂可以提高其催化性能，其中掺杂 Ru 的材料 Ru/K-OMS-2 活性最好，可以作为 SCR 工艺中 NO 氧化为 NO_2 的有效催化剂。

5.2.2 UCT 材料

纳米晶体介孔材料在催化、电子、吸附、光学以及气体传感器等领域有着十分重要的应用。已有的研究表明，该系列材料具有可调节的孔隙度、良好的表面氧空位，并且其巨大的比表面积可以促进晶格氧的迁移。Poyraz 等人首次通过一种新的方法合成了一系列的介孔材料，所制备的这些材料都由过渡金属氧化物组成，被命名为 UCT。这种方法有广泛的适用性，理论上适用于所有的过渡金属氧化物，并且能够合成获得不同的晶体结构。所制备介孔材料具有独特的稳定性及孔道结构[11]。Poyraz 等人也使用氧化锰来合成 Meso-Mn_2O_3、Meso-ε-MnO_2 以及 Meso-OMS-2。这些材料都属于 UCT 介孔材料家族，并且都有很好的还原性（见图 5-4）和 CO 氧化催化活性（见图 5-5）[12]。

在后续的研究中，研究者们也将这一系列催化剂应用于 CH_4 的低温催化氧化反应中[13]。结果表明，上述氧化还原分子筛均有较好的低温催化氧化性能。其中介孔锰氧化物材料均比无孔锰氧化物材料的催化性能好，而 Meso-OMS-2 的性能最好（见图 5-6）。

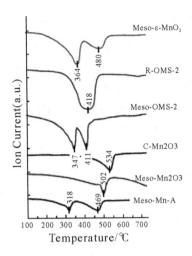

图 5-4　Meso-Mn$_2$O$_3$、Meso-ε-MnO$_2$、Meso-OMS-2 等材料的 H$_2$-TPR 测试

图 5-5　Meso-Mn$_2$O$_3$、Meso-ε-MnO$_2$、Meso-OMS-2 等材料的 CO 催化氧化性能

（A）2% CH$_4$，WHSV＝6 L·g^{-1}·h^{-1}；（B）2% CH$_4$，WHSV＝24 L·g^{-1}·h^{-1}。

图 5-6　Meso-Mn-A、Meso-Mn$_2$O$_3$、Meso-ε-MnO$_2$、

Meso-OMS-2 等材料的 CH$_4$催化氧化性能

Biswas[14] 等人利用 UCT 材料的合成方法制备了掺杂 Cs 的锰氧化物介孔分子筛 meso Cs/MnO$_x$，并研究了其对胺类选择性氧化成亚胺的性能。反应过程使用空气作为唯一的氧化剂，有着较高的亚胺产率以及选择性，并且无须其他参与反应的物质。因此，meso Cs/MnO$_x$ 的催化反应过程优于其他多相催化体系。同时，meso Cs/MnO$_x$ 可重复使用，是一种性能优异且环境友好型的胺选择性氧化催化剂。

Wasalathanthri[15] 等人测试了 Meso-Mn-A 、Meso-Mn$_2$O$_3$、Meso-ε-MnO$_2$ 以及 Meso-OMS-2 在 NO$_2$ 存在下的柴油碳烟废气的低温催化去除性能。其他材料在催化反应过程中随着氧气的消耗可能会产生 CO，上述 UCT 材料可以在稀薄空气条件下仍然保持对 CO$_2$ 的 100% 的选择性，并且在尾气排放温度下就可以进行反应。

Biswas 和 Poyraz 等人[16] 还制备了以一系列碱金属作为促进剂的 UCT 材料，命名为 UCT-18-X（X = Mg^{2+}、Ca^{2+}、K$^+$、Na$^+$ 和 Cs$^+$），并且对比了掺杂碱金属离子的 UCT 材料与未掺杂的 UCT-1 以及其他锰氧化物催化剂（如 K-OMS-2、Mn^{2}O$_3$）对醇类和惰性烷基苯选择性氧化的催化性能。在苯甲醇的氧化催化性能测试中，相对于不含碱金属的 UCT 材料以及 K-OMS-2，包含 K$^+$ 的 UCT-18 有着更为优异的催化活性。在此基础上，Biswas 和其合作者也测试了含有除 K 以外其他碱金属的 UCT 材料。通过对不同结构醇类的催化氧化性能的测试，他们发现其催化活性顺序为 UCT-1<UCT-18-Mg< UCT-18-Ca< UCT-18-K< UCT-18-Na< UCT-18-Cs，并推断其催化活性可能与碱金属助剂的大小和电荷有关。

Jiang[17] 等人研究了 UCT-15（介孔沸石）对硅氧烷的吸附活性。研究表明，如遇到尺寸较大的吸附物，例如八甲基环四硅氧烷（分子尺寸为 10Å），含介孔的吸附剂是首选。他们还发现当改变 UCT 中的 Al 引入含量，可以显著调节目标材料的结构性质。并且，当改变焙烧升温速率为 10 oC/min 时，所获得的 UCT-15 的 BET 比表面积、中孔体积及总孔面积最佳，对八甲基环四硅氧烷的吸附量也可达到 105 mg/g，是商用 ZSM-5 分子筛吸附量的两倍。此外，研究者们还发现催化剂的外比表面积与介孔体积是影响材料对八甲基环四硅氧烷吸附性能的关键，而催化剂也主要是通过表面羟基与吸附分子形成相互作用从而将其稳定吸附。①

Jafari[18] 等人进一步研究了 UCT-14（二氧化硅纳米介孔材料）对八甲

---

① Jiang T, Zhong W, Jafari T, et al. Siloxane D4 adsorption by mesoporous aluminosilicates. ［J］. Chemical Engineering Journal, 2016（289）：356-364.

基环四硅氧烷的吸附性能。他们首先采用逆胶束合成法，并在合成过程中对凝胶温度、煅烧后处理温度及相关升温速率进行了优化，获得的目标材料可显著提高对八甲基环四硅氧烷的吸附能力。具体来说，经过上述合成条件的调整，SiO2 的表面积从 391 m^2/g 增加到 798 m^2/g，这致使 UCT-14 对八甲基环四硅氧烷的吸附量被提高至 686mg/g。并且，经过合成条件优化获得的 UCT-14 在潮湿条件下的循环吸附性也表现良好。[①]

参考文献

［1］夏熙.二氧化锰及相关锰氧化物的晶体结构、制备及放电性能（1）[J].电池，2004，(6)：411-414.

［2］SUIB S L. Porous manganese oxide octahedral molecular sieves and octahedral layered materials [J]. Acc Chem Res, 2008, 41 (4)：479-487.

［3］王永在，廖立兵，黄振宇.多孔锰氧化物材料的制备与性能研究进展 [J].材料导报，2004，(6)：43-46.

［4］CHEN C-H, SUIB S L. Control of catalytic activity via porosity, chemical composition, and morphology of nanostructured porous manganese oxide materials [J]. Journal of the Chinese Chemical Society, 2012, 59 (4)：465-472.

［5］YANG L, MA J, LI X, et al. Enhancing oxygen vacancies of Ce-OMS-2 via optimized hydrothermal conditions to improve catalytic ozone decomposition [J]. Industrial & Engineering Chemistry Research, 2019, 59 (1)：118-128.

［6］BARBOUX P, TARASCON J M, SHOKOOHI F K. The use of acetates as precursors for the low-temperature synthesis of $LiMn_2O_4$ and $LiCoO_2$ intercalation compounds [J]. Journal of Solid State Chemistry, 1991, 94 (1)：185-196.

［7］PAHALAGEDARA L R, DHARMARATHNA S, KING'ONDU C K, et al. Microwave-assisted hydrothermal synthesis of α-MnO2：lattice expansion via rapid temperature ramping and framework substitution [J]. The Journal of Physical Chemistry C, 2014, 118 (35)：63-73.

［8］HOU W, WANG S, BI X, et al. Compared catalytic properties of OMS-2-based nanocomposites for the degradation of organic pollutants [J]. Chinese Chem-

———————————

① Jafari T, Jiang T, Zhong W, et al. Modified Mesoporous Silica for Efficient Siloxane Capture. [J]. Langmuir, 2016 (32)：2369-2377.

ical Letters, 2021, 32 (8): 13-18.

[9] ZHANG L, BI X, GOU M, et al. Oxidative degradation of acid red 73 in aqueous solution over a three-dimensional OMS-2 nanomaterial [J]. Separation and Purification Technology, 2021, 263: 118, 397.

[10] ADJIMI S, GARCíA-VARGAS J M, DíAZ J A, et al. Highly efficient and stable Ru/K-OMS-2 catalyst for NO oxidation [J]. Applied Catalysis B: Environmental, 2017, 219: 459-466.

[11] POYRAZ A S, KUO C H, BISWAS S, et al. A general approach to crystalline and monomodal pore size mesoporous materials [J]. Nat Commun, 2013, 4: 2, 952.

[12] POYRAZ A S, SONG W, KRIZ D, et al. Crystalline mesoporous $K_{(2-x)}Mn_8O_{16}$ and ε-MnO_2 by mild transformations of amorphous mesoporous manganese oxides and their enhanced redox properties [J]. ACS Applied Materials & Interfaces, 2014, 6 (14): 311-315.

[13] WASALATHANTHRI N D, POYRAZ A S, BISWAS S, et al. High-performance catalytic CH_4 oxidation at low temperatures: inverse micelle synthesis of amorphous mesoporous manganese oxides and mild transformation to $K_{2-x}Mn_8O_{16}$ and ϵ-M_nO_2 [J]. The Journal of Physical Chemistry C, 2015, 119 (3): 73-82.

[14] BISWAS S, DUTTA B, MULLICK K, et al. Aerobic oxidation of amines to imines by cesium-promoted mesoporous manganese oxide [J]. ACS Catalysis, 2015, 5 (7): 394-403.

[15] WASALATHANTHRI N D, SANTAMARIA T M, KRIZ D A, et al. Mesoporous manganese oxides for NO_2 assisted catalytic soot oxidation [J]. Applied Catalysis B: Environmental, 2017, 201: 543-551.

[16] BISWAS S, POYRAZ A S, MENG Y, et al. Ion induced promotion of activity enhancement of mesoporous manganese oxides for aerobic oxidation reactions [J]. Applied Catalysis B: Environmental, 2015, 165: 731-741.

[17] Jiang T, Zhong W, Jafari T, Du S. C., He J. K., Fu Y. J., Singhkhakpash Prabhakar., Suib L. S, Siloxane D4 adsorption by mesoporous qluminosilicates [J]. Chemical Engineering Journal, 2016 (289): 356-364.

[18] Jafari T, Jiang T, Zhong W, Khakpash N, Deljoo B, Aindow M, Singh P, Suib L. S, Modified Mesoporous Silica for Efficient Siloxane Capture [J]. Langmuir, 2016 (32): 2369-2377.

6 硼铝酸盐氧化还原分子筛

6.1 硼铝酸盐八面体骨架分子筛简介

在自然界中，Al 元素难以单质的形式存在，主要以氧化物的形式存在，如铝土矿、蓝晶石（Al_2SiO_5）和明矾 [$KAl(SO_4)_2 \cdot 12H_2O$] 等。Al 可与 B 相连形成具有丰富结构的硼铝酸盐化合物。经过研究者们的努力，他们利用高温固相法合成获得了硼铝酸盐，但其种类较少，并且往往具有致密的结构，如 $AlBO_3$[1]、$Al_4B_2O_9$[2]、Al_5BO_9[3]、$Al_6B_5FO_{15}$[4] 等。也有人尝试合成具有孔道结构的硼铝类化合物，但没有取得较大进展。北京大学林建华课题组自 2003 年以来将硼酸作为反应介质剂及反应物，进一步结合其他金属源，如氧化物或盐类在水热合成一锅法下获得一系列新型微孔硼铝酸盐分子筛——PKU-n。目前，该系列材料已报道的有 PKU-1[5]，PKU-2[6]，PKU-3[7]，PKU-5[8]，PKU-6[9]，PKU-8[10]，PKU-16[11]，及经过具有氧化还原活性金属 Cr、Fe 改性的 Cr-PKU-1[12]，Cr-PKU-5[12]，Cr-PKU-8[12] 和 Fe-PKU-5[12]。

在 2003 年，Jing Ju 等人首次报道了直接通过硼酸熔融法并且不加入模板剂可得到的硼铝酸盐八面体分子筛，依据北京大学的名字相应命名为 PKU-1[5]，其化学式为 $H_5Al_3B_6O_{16}$。具体来说，PKU-1 的骨架结构是由 AlO_6 八面体以共边相连形成的三维骨架，并且该分子筛中含有十八元环和十元环窗口位于不同的空间方位。硼主要以 BO_3 和 B_2O_5 这两种基团的形式存在，并与铝氧骨架以共用氧原子的形式相连，以此来平衡骨架 Al_3O_{10}[13] 的负电荷。但是 H_3BO_3 也会阻塞 PKU-1 中的一些孔径，因此若从有效孔径的角度来看，该分子筛只拥有一维孔道结构。PKU-1 沿 C 轴方向的投影见图 6-1。

红色八面体代表 AlO_6；

绿色三角形代表 BO_3；绿色、青色以及灰色的小球分别代表 B、O 及 H。

图 6-1　PKU-1 沿 c 轴方向的投影

经过 5 年的后续研究，Wenliang Gao 等人在林建华的指导下，在 *Inorganic Chemistry* 上发表一个具有罕见的阳离子骨架的硼铝酸盐类分子筛，并命名为 PKU-8[10]。该分子筛属三方晶系，空间群为 *R*3。其骨架是由 $B_{12}O_{30}$ 的十二元环及面体簇 Al_7O_{24} 构成的，并且还有八元环和十二元环的孔道窗口。其中，PKU-8 的合成需要含有氯离子的 $AlCl_3$ 作为铝源，因为氯阴离子首先可以维持 PKU-8 的整体电荷平衡，还能够吸附水分子并与 NaCl 填充在 PKU-8 的孔穴内。研究者通过电镜测定 PKU-8 具备纳米级别的尺寸，其比表面约为 52 m^2/g。

到了 2011 年，Tao Yang 及外国合作者在 Angew. Chem. Int. Ed. 上报道了一个具有罕见的二十四元环组成的超大孔结构分子筛——PKU-2[6]。该材料是以 $AlCl_3 \cdot 6H_2O$ 与 H_3BO_3 为原料，采用直接一步法在水热釜中合成的，反应温度为 240 ℃。该分子筛具有针状形貌，而硼的存在形式也与 PKU-1 和 PKU-8 不同：B_2O_4（OH）和 B_3O_5（OH）$_2$，其中 B_3O_5（OH）$_2$ 基团位于 PKU-2 的二十四元环孔道内，并阻塞孔道的部分空间；B_2O_4（OH）基团则会处于平行于 c 轴的十二元环孔道内，阻塞了 PKU-2 八面体骨架结构中的十二元环孔道。该材料的热稳定性在 400 ℃ 时保持良好，但若进一步提高热处理温度，那么该材料的结构将会逐渐崩塌。作者使用 Strecker 反应作为评价体系，测试了 PKU-2 作为固体酸的催化剂的催化效果，发现其活性良好；并且由于 PKU-2 比 PKU-1 具有更大的孔道结构，所以在催化活性上比 PKU-1 好很多[6]。

2015 年，Hong Chen 在 Junliang Sun 的指导下，在 J. Am. Chem. Soc 上

发表了使用硼酸熔融法合成的一个带有微孔结构的硼铝酸盐分子筛，命名为 PKU-3[7]。PKU-3 的结构是由结构组建单元 $Al_3B_6O_{24}$ 这一基本结构单元组成的，如图 6-2 所示。具体来讲，结构组建单元 $Al_3B_6O_{24}$ 包括三个 BO_3 三角形和一个 BO_4 四边形。这些构组建单元 $Al_3B_6O_{24}$ 彼此相连，并通过与 AlO_6 八面体及 BO_3 三角形中的氧原子，沿 c 轴形成复合柱状构建单元。这些柱状结构通过连接同一个 BO_4 四面体相互连接，从而形成一个三维的结构。

图 6-2　PKU-3 的组成基团 $[Al_3B_6O_{24}]$[7]

6.2　硼铝酸盐氧化还原分子筛的合成、表征及催化应用实例——Cr-PKU-1 的酸催化应用

a-氨基腈作为一种重要的药物中间体而被广泛应用，如制备 a-氨基酸、相关生物活性分子及含 N 或者含硫杂环物质，因此其吸引了众多研究者的兴趣[14-15]。合成 a-氨基腈的方式有许多种，其中 Strecker 反应是一种重要的方式，也是现代有机合成中一类非常重要的反应[16-17]。均相催化剂能够在 Strecker 反应中提供更为优异的活性。然而这类催化剂也会带来环境污染问题以及分离步骤所致的经济问题。因此，在过去的几十年里，研究者们尝试使用各种多相催化剂来解决以上问题，如金属有机骨架化合物 MOF[18-21]、负载型催化剂[22-30]、分子筛及硫酸改性类化合物[31-34]、杂多酸化合物[35-41]、生物聚合物催化剂[42-44]、纳米材料[45-47] 以及固体氧化物[48-50]。但这些材料只能提供单一类型的酸催化活性中心，一般情况下，只含有 Brønsted 酸中心或者 Lewis 酸中心。因此，若将 Brønsted 酸中心与 Lewis 酸中心协同合作，将会带来更优异的催化效果。

经过过渡金属 Cr 和 Fe 掺杂的硼铝酸盐分子筛 PKU-1（可命名为 M-PKU-1，M=Cr 和 Fe）能够展示出两种不同酸性位点，一个是由骨架 B-OH所提供的 Brønsted 酸位点，另外一种是来源于骨架中的过渡金属离子的 d 轨道或者是 BO_3 中 B 的空 p 轨道所带来的 Lewis 酸。因此，具备这些鲜明的特点和优势的 M-PKU-1 足以成为一个非常有吸引力的、并且能够对 Strecker 反应产生良好催化作用的、具有双酸位点的固体催化剂。

研究者用图 6-3 展示了在水热条件下获得的 Cr 掺杂量为 0%、2%、6%、10%、16%和 20%的 PKU-1 样品的 XRD 图谱。这些样品与母体 PKU-1 的 XRD 图谱相比，几乎完全一致，并且没有不纯的物相出现，这就说明 Cr 进入 PKU-1 的骨架内部后并不会改变其主体结构，所有的峰都从属于 R-3 空间群。

图 6-3　不同 Cr 掺杂含量的 PKU-1 其 XRD 图谱

Cr 掺杂量为 10%的 PKU-1 被选为代表，进一步使用 Le Bail 精修法对该样品的图谱（见图 6-4）进行深入分析。结果表明，在软件中模拟出来的衍射图形和通过衍射仪获取的数据非常匹配。研究者发现上述 0%、2%、6%、10%、16%和 20%的 Cr-PKU-1 样品的晶格常数 a、c 和 V 与 Cr 含量呈良好的线性关系，即随着 Cr^{3+} 源的增加，这三个参数都是线性增加的。以上变化是由于六配位 Cr^{3+} 的 Shannol 离子半径为 0.615 Å，而六配位的 Al^{3+} 离子半径为 0.535 Å[51]。而传统的分子筛往往是由 AlO_4 或者 SiO_4 构成的，研究者们发现它们经过过渡金属离子的掺杂后，在晶格常数上并不会出现明显的变化，所以对于这些过渡金属离子是否掺入了这些四面体骨架分子筛的骨架结构中还存在很大的疑问，并需要做进一步的研究去证实[52]。因此，我们可把 Cr-PKU-1 看作使用铬对 PKU-1 中的晶格铝进行取代后获得的固溶体材料。这三个晶格常数的线性增加能够充分说明一步水热法成功地将 Cr^{3+} 置入了 PKU-1 晶格位点中。

小圈为直接测试所得数据；实线为拟合数据。

图 6-4　直接合成的 10% Cr-PKU-1 的 Le-Bail 精修图谱

对于含有不同铁掺杂量的 Fe-PKU-1，研究者们也使用 Le Bail 精修法对上述样品进行了精修，得到的 XRD 图谱及精修数据如图 6-5 和图 6-6 所示。经过分析可知，所有 Fe-PKU-1 的样品的 XRD 图形与母体材料 PKU-1 一致并且也没有发现其他物相的 XRD 晶像，并且 a、c 和 V 也是随着 Fe 合成投料量的增大而线性增加的（如表 6-1 所示）。

图 6-5　10% 的 Fe 掺杂 PKU-1 的 x 射线粉末衍射图

小圈为直接测试所得数据；实线为拟合数据。

图 6-6　直接合成的 10% Fe-PKU-1 的 Le-Bail 精修图谱

表 6-1　通过精修所得到的不同 Fe 掺杂量的 PKU-1 的单胞数据

Sample	Crystal Data		
	a	c	V
5% Fe-PKU-1	22.081 3	7.035 0	2 970.801 5
10% Fe-PKU-1	22.105 6	7.043 4	2 981.546 5
20% Fe-PKU-1	22.141 1	7.078 9	3 005.359 8
30% Fe-PKU-1	22.152 3	7.084 2	3 005.456 2

　　研究者们进一步使用 SEM 来观察 20% Cr-PKU-1 的形貌。如图 6-7 所示，直接合成样品呈现针状晶体簇，平均长度约为 4 μm；同时，从 EDS 的测试结果中可以发现，20% Cr-PKU-1 中含有相当含量的 Cr 物种，而 Cr/（Al+Cr）的比例大约为 13.44%，比合成样品的实际投料量 20%略低一些，这也从某种程度上说明了合成时投料量并不能完全进入到晶格位点并呈现到最终的样品中去。

　　选用热重-差热分析法对 Cr 掺杂量为 10% 的 PKU-1 样品进行分析及测试。具体结果如图 6-8 所示，从 300 K 到 1 173 K，10% Cr-PKU-1 的热重曲线体现出两步失重。第一步失重出现于约 380 K，是样品表面的吸附水被加热失去以及阻塞孔道的硼酸失水所导致的。第二步失水出现在 500～900 K，经分析该步失重是孔道中的硼羟基失水分子所致。差热曲线——DSC 曲线也呈现出相应的吸热、放热峰。显然，DSC 曲线上的三个吸热峰是由于脱水或去羟基化所致的结果。但在 1 020 K 处的放热峰应归结于无定形物质重新结晶生成 $Al_4B_2O_9$，而不是由于生成了 PKU-5。据文献报道[53]，PKU-5 只能在非常窄的温度范围内生成，且该物相的生成必须维持一个非常低的升温速率。然而，TGA-DSC 测试过程中加热速率是十分快的，所以没有观察到 PKU-5 相变的吸热峰。

图 6-7　20% Cr-PKU-1 的 SEM 图谱以及 EDS 结果

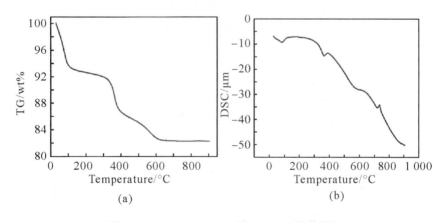

(a)　　　　　　　　　　(b)

图 6-8　10% Cr-PKU-1 的 TG-DSC 图谱结果

　　X 射线光电子能谱——XPS 同样被使用来获取 10% Cr-PKU-1 的化学组成和组成元素价态等相关信息。从图 6-9a 可以发现 Cr 的 2s 轨道、2p 轨道的俄歇电子谱线，Al 的 2s 轨道和 2p 轨道，B 的 1s 轨道以及 O 的 1s 轨道和 2s 轨道所产生的俄歇电子谱线。

　　一般情况下，分子筛中的 Cr 在不同条件下的价态不同。例如，AlP-5 经过 Cr 改性后[54]，尤其是经过热处理或经过催化反应后，Cr 的价态一般处于

+5价等较高的价态。图 6-9b 则给出了 Cr-PKU-1 中 Cr 2p 轨道的详细数据。在 587.5 eV 和 577.7 eV 的键能处出现两个非常明显的峰，分别对应 Cr $2p_{1/2}$ 和 Cr $2p_{3/2}$ 轨道。这与 Cr（NO$_3$）$_3$ 中 Cr 的数据有细微的差异，这些细微的差异经推断应当是 Cr^{3+} 处在不同的微结构环境中所致。

图 6-9 10% Cr-PKU-1 的 XPS 数据图谱（a）以及其中 Cr 2p 的自旋轨道能量（b）[55]

采用程序升温脱附法（TPD）来进一步探究 Cr-PKU-1 的酸性质，其中使用 NH$_3$ 作为探针分子来进行定性或者定量该氧化还原分子筛的酸性和酸量。如图 6-10 所示，不同 Cr 含量的 PKU-1 展现出带有差异的酸性质。具体来说，所有 Cr-PKU-1 样品的 NH$_3$-TPD 展现出两个非常明显的 NH$_3$ 脱附峰。在 470 K 时出现一个脱附峰与弱酸性位点相关，而另一个则出现在 715 K，这与 Cr-PKU-1 表面的强酸性位点有关。具体分析不同 Cr 掺杂的 Cr-PKU-1 的酸量（见图 6-10），总酸量与 Cr 的含量没有呈现出线性关系。但是，10% Cr-PKU-1 呈现出最多的酸量，因此推测其应具有最佳的反应活性。

图 6-10 不同 Cr 掺杂量的 Cr-PKU-1 的 NH$_3$-TPD 曲线（a）
以及根据所得到的 TCD 信号值计算得到的酸量（b）

采用氮气吸脱附实验计算出 10% Cr-PKU-1 的比表面积为 12.2 m^2/g。PKU-1 被报道具有较大的比表面积和较大的孔径分布，经过孔道清洗后其比表面积高达 340 m^2/g[56]。另外，PKU-1 的本体骨架结构——十八元环的窗口太大，所以 AlO_6 八面体很难凭借本体来独立支撑孔道结构。因此，在 Cr-PKU-1 的孔道中理应填充有适当的聚合硼酸盐及其他分子，如 H_2O 等，显然这会导致孔道堵塞和表面积的损失。在这部分催化工作中，我们所使用的 Cr-PKU-1 是没有经过任何后处理及清洗工艺处理的。因为我们在之前使用热水清洁初级样品时发现，当处理条件控制得不太好时，样品可能会发生部分水解，所以我们目前也在尝试使用其他更为有效并且不伤害样品的方式来去除孔道中的无机残余物。

为了寻找到最优的催化反应条件，我们考察了诸多反应条件。首先，考查不同溶剂对反应结果的影响，底物 1a 作为模板底物参与到评价体系中。这里，研究者们选取了乙腈（CH_3CN）、四氢呋喃（THF）、N、N-二甲基甲酰胺（DMF）、丙酮（Acetone）、氯仿（CF）和二氯甲烷（DCM）作为溶剂，并将反应结果体现到表 6-2 中（序列 1-6）。数据体现出，CH_3CN 是最佳的反应溶剂，在 1.5 h 的反应后可以得到最大的产物收率 79%，而采用二氯甲烷为溶剂时则会得到最低的产物收率 8%。

表 6-2 不同溶剂下的反应结果（1）

序列	溶剂	底物	催化剂	反应温度/K	产物收率
1	CH_2Cl_2	1a	6% Cr-PKU-1	318	8
2	$CHCl_3$	1a	6% Cr-PKU-1	318	11
3	Acetone	1a	6% Cr-PKU-1	318	23

表6-2（续）

4	DMF	Ts—N (1a)	6% Cr-PKU-1	318	49		
5	THF	Ts—N (1a)	6% Cr-PKU-1	318	59		
6	CH$_3$CN	Ts—N (1a)	6% Cr-PKU-1	318	79		
7	CH$_3$CN	Ts—N (1a)	6% Cr-PKU-1	298	57		
8	CH$_3$CN	Ts—N (1a)	6% Cr-PKU-1	308	45		
9	CH$_3$CN	Ts—N (1a)	6% Cr-PKU-1	318	50		
10	CH$_3$CN	Ts—N (1a)	6% Cr-PKU-1	328	47		
11	CH$_3$CN	Ts—N (1a)	6% Cr-PKU-1	333	41		
12	CH$_3$CN	Ts—N (1a)	6% Cr-PKU-1	PKU-1	318	99	50
13	CH$_3$CN	Ts—N (1b)	6% Cr-PKU-1	PKU-1	318	91	13
14	CH$_3$CN	Ts—N (1c)	6% Cr-PKU-1	PKU-1	318	90	41

74

表6-2(续)

15	CH₃CN	Ts—N=CH—C₆H₄—CH₃ (1d)	6% Cr-PKU-1	PKU-1	318	95	38
16	CH₃CN	Ts—N=CH—C₆H₄—CH(CH₃)₂ (1e)	6% Cr-PKU-1	PKU-1	318	87	43
17	CH₃CN	Ts—N=CH—dimethoxyphenyl (1f)	6% Cr-PKU-1	PKU-1	318	85	11
18	CH₃CN	Ts—N=CH—naphthyl (1g)	6% Cr-PKU-1	PKU-1	318	99	44
19	CH₃CN	Ts—N=CH—methoxynaphthyl (1h)	6% Cr-PKU-1	PKU-1	318	92	40
20	CH₃CN	Ts—N=CH—phenoxyphenyl (1i)	6% Cr-PKU-1	PKU-1	318	85	37
21	CH₃CN	Ts—N=CH—C₆H₅ (1a)	As-synthesized PKU-1	318	50	
22	CH₃CN	Ts—N=CH—C₆H₅ (1a)	473 K roasted PKU-1	318	13	
23	CH₃CN	Ts—N=CH—C₆H₅ (1a)	673K roasted PKU-1	318	5	
24	CH₃CN	Ts—N=CH—C₆H₅ (1a)	As-synthesized 10%Cr-PKU-1	318	99	

表6-2(续)

25	CH₃CN	Ts—N, H, 1a	473 K roasted 10%Cr-PKU-1	318	63
26	CH₃CN	Ts—N, H, 1a	673K roasted 10%Cr-PKU-1	318	51
27	CH₃CN	Ts—N, H, 1a	CrCl₃	318	99

反应温度也对 α-氨基腈的收率影响巨大。具体来说，在温度升高的初期，反应结果与温度变化呈正相关；而反应温度高于 318 K 则对反应的收率是不利的，因为较高的温度会致使反应底物亚胺分解。

为探究 M-PKU-1 中掺杂过渡金属离子的种类对 Strecker 反应的作用，相同 Cr、Fe 掺杂量的 PKU-1 材料被选作催化剂并分别考察其催化性能（见图6-11）。分析表 6-2 中的数据发现，PKU-1 中的 Cr^{3+} 确实在催化 Strecker 反应充当了活性位点的角色，但是没有被 Cr 掺杂改性过的 PKU-1 也显示出了一定程度上的催化活性水平。当 Cr 在骨架中的含量从 0% 提高到 20 atom% 时，a-氨基氰的收率从 40% 增加到 80%，但反应总收率与 PKU-1 骨架中的 Cr^{3+} 含量呈简单的线性关系。而不同 Fe 掺杂量的 PKU-1 的催化效果都与母体 PKU-1 的催化效果基本相近。因此，Fe-PKU-1 催化 Strecker 反应时的催化活性位点应该是在 B-OH 上，而不是在晶格内的 Fe^{3+} 位点上进行的，而 Cr-PKU-1 的催化活性应当是由 Cr 与硼羟基协同达成的。

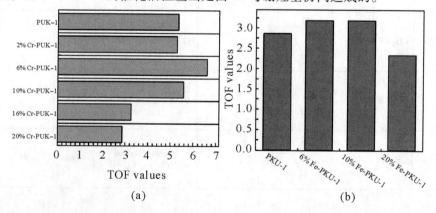

(a)　　　　　(b)

图6-11　使用 M-PKU-1（M=Cr，Fe）催化亚胺硅腈化的反应结果[57]

　　根据之前的实验数据分析发现，最佳的催化反应条件应为以 10% Cr-PKU-1为催化剂，以 CH_3CN 为反应介质，反应温度为 313 K。当反应规模被进一步扩大时，即使在同样的反应条件下，扩大反应底物和催化剂为原来的 5 倍，Cr-PKU-1 仍然能维持相对稳定的催化活性（94.3%），体现出相对优越的应用前景。

　　研究者们进一步考察了 Cr-PKU-1 的催化普适性，他们将反应底物扩大至不同尺寸及形状的 9 种亚胺类化合物。具体催化结果汇总于表 6-2 中，这 9 种不同芳香族醛亚胺均能在 10% Cr-PKU-1 的催化作用下与三甲基氰硅烷反应，并都能达到 85%～99% 的反应收率；而使用 PKU-1 作为催化剂时，这些底物与三甲基氰硅烷的反应活性都很低。

　　对于 Cr-PKU-1，其最大的优势是其能够从反应介质中被快速回收。在五次催化循环后，使用简单的离心操作，即可将催化剂从反应混合物中分离。使用溶剂进行简单的洗涤，并在 373 K 干燥 60 min 后，就能用于下一次催化反应。经过 5 次循环催化反应后，Cr-PKU-1 没有明显的催化活性的下降或是改变。因此，在最优反应条件的 Strecker 反应过程中，Cr-PKU-1 非常稳定，且能够很好地保持结构稳定（见图 6-12）。

图 6-12　10% Cr-PKU-1 的循环催化活性及结构稳定性

　　反应机理对多相催化的研究十分重要，尤其是反应体系中的构效关系研究。研究者在前面的部分中讨论了 Cr-PKU-1 在催化 9 种不同亚胺的硅腈化反应中展现出比母体 PKU-1 更高的催化活性。因此我们可以推断这是由于 Cr-PKU-1 拥有比 PKU-1 更多元的催化活性位。据报道，PKU-1 结构中对 Strecker 反应起催化作用的是 Brønsted 酸，也就是 B-OH，而对于 Cr-PKU-1

来说，研究者们发现其中除了 B—OH 外，还存在由 Cr 掺杂所提供的 Lewis 酸中心。然而结构中的 B 始终没有体现出 Lewis 酸性，于是研究者设计了实验详细地讨论了该问题。

研究者们将直接合成的 PKU-1 在 473 K 前处理两个小时后，使用 Strecker 反应作为评价体系，反应的收率从 50% 下降至 13%；随后，将热处理温度提高到 673K，产物收率则从 13% 下降至 5%。因此，我们可以推断出 PKU-1 中的 B—OH 可作为一种典型的 Brønsted 酸来有效地活化亚胺底物，并且该活性位可以通过升温焙烧的方式去除。也就是说，结构中的 B 并没有体现出预期的反应活性。而阻止 B 体现出反应活性的原因在于相连的羟基所带来的位阻作用（数据见表 6-2）。

对于 Cr-PKU-1，热处理温度为 673 K 时，该催化剂仍能体现出原先催化活性的一半。也就是说，当 B—OH 被去除时，Cr-PKU-1 中的 Cr 仍然能够单独起到催化作用。并且，Cr-PKU-1 中的 B—OH 与 Cr 这两种酸中心是孤立地、独立地活化反应底物来推动反应的进行。

含 Cr 的可溶性金属盐如 $CrCl_3$ 也通常被用作 Lewis 酸催化剂来催化均相反应的进行，并且在一般情况下会比多相催化剂表现出更高的催化活性。为了获得对 Cr-PKU-1 的活性更为深刻的认识，我们把无水 $CrCl_3$ 作为均相 Lewis 酸催化剂的代表，并对比二者的活性差异。为了把反应条件拉平，我们根据 10% Cr-PKU-1 的精确分子式 $HCr_{0.3}Al_{2.7}B_6O_{12}(OH)_4$，换算出 $CrCl_3$ 的投料量应为 0.006 mmol。在相同的反应条件下，$CrCl_3$ 使用了 50 min 达到 99% 的收率，仍然比 Cr-PKU-1 的活性强。

研究者们通过傅立叶变换红外光谱对 Cr-PKU-1 的脱羟基过程进行监测。如图 6-13 所示，母体 PKU-1 和经过 Cr 改性的材料均能够在 3 000~3 800cm^{-1} 的范围内产生很宽、很强的吸收峰，主要是 PKU-1 骨架上的吸附水分子和骨架羟基所致。将样品经过热处理，即加热至 523 K，上述吸收峰逐渐变缓并且分裂成若干条小峰，应该是材料表面吸附的水分子的 OH 振动峰逐渐变弱并消失。但是，Cr-PKU-1 结构中的 B—OH 随着热处理温度的升高仍是稳定的；若将焙烧温度进一步升高至 623 K，这两种样品都将经历完全的脱水过程，同时大量的骨架硼羟基也会一并失去，从而最终导致 Bronsted 酸的完全去除。

综上所述，研究者们采用硼酸熔融法合成了新型八面体氧化还原分子筛 M-PKU-1（M=Cr 或 Fe）。该系列氧化还原分子筛比母体 PKU-1 对于 Strecker 反应的活性高出很多，其原因在于结构中的 B—OH 提供了 Brønsted 酸活性位及 Cr^{3+} 所提供的 Lewis 位点。

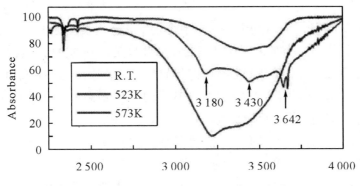

图 6-13　10% Cr-PKU-1 在不同温度的脱羟基过程

6.3　硼铝酸盐氧化还原分子筛的合成、表征及催化应用实例——Cr-PKU-1 的氧化还原催化应用

　　Cr 及 Fe 掺杂的 PKU-1 的氧化还原催化性能，在以 H_2O_2 为氧化剂，仲醇的选择性氧化转化为酮类的反应体系中，被详细地研究。相对于均相催化剂来说，该系列分子筛的活性虽不能匹敌，但可以解决回收难的问题[58]，并且相应的产物酮的选择性都高于 99%。

　　研究者们详细地探究了 M-PKU-1 催化醇类选择性脱氢的最佳反应条件，并以环己醇转化为环己酮为模板反应，仔细地研究了体系中的催化构效关系。他们发现，骨架中的 Cr 能够高效活化 H_2O_2 单一地生成羟基自由基；并且，体系中羟基自由基（·OH）自由基的浓度是调控酮类产物选择性的关键。PKU-1 中的 Cr 在催化反应过程中会发生一个价态的循环，即 Cr^{3+}-Cr^{2+}-Cr^{3+} 来促进氧化所需的氧活性物种的生成及传递。

　　Cr-PKU-1 的合成在这部分就不做赘述，合成的样品与母体 PKU-1 的 XRD 图形相似，并且通过 Le Bail 精修所得到的晶体学数据与 Cr 的含量变化趋势一致，证明了 Cr 是通过骨架掺杂进入 PKU-的。在前文中也陈述了，Cr-PKU-1 可以被看成是使用 Cr^{3+} 替换 PKU-1 结构中的 Al^{3+} 所形成的半固溶体材料，这是与传统的四面体骨架分子筛掺杂很不一样的地方[57]。

　　研究者们还使用同样的方法合成了 Fe-PKU-1 和 Fe-Cr-PKU-1（铁、铬共掺 PKU-1），得到的样品的结构也与 Cr-PKU-1 一致，这就说明不论是单掺的 Fe^{3+} 还是双掺的 Cr^{3+} 和 Fe^{3+} 都是进入 PKU-1 的晶格内的。

　　在该研究中，30% 的 H_2O_2 被选做氧活性物种提供体，而掺杂量为 10%

的 Cr-PKU-1 被用作催化剂来考察催化普适性，结果如表 6-3 所示。具体来说，10% Cr-PKU-1 对于所有六种仲醇的催化作用表现良好，并且生成的酮其选择性均高于 99%，而环己醇的反应效果是最好的。研究者们进一步分析数据发现，带有碳环的醇类比链状的醇更易高选择性地生成相应的酮。由于环己醇选择性氧化生成环己酮所获得的 TOF 最高，所以研究者们进一步将这个反应当作模板反应来进行后续的反应探索。

反应介质的选择对催化反应结果来说十分重要，因为一个与反应体系匹配的溶剂将会有效降低反应发生所需的吉布斯自由能且减少副反应的出现。THF，CH_3CN，DMF，EtOH，MeOH 和水在内的 7 种极性质子及非质子溶剂被选择进行探索，但是甲苯，正己烷和二氯甲烷等非极性溶剂介质由于与反应混合物互溶性不高不适合作为反应介质，具体所得到反应结果如表 6-3 所示。环己醇在七种溶剂中都可以得到近 100% 的环己酮选择性，但是不同的反应介质中的反应速率是不同的。结果表明，环己酮在乙腈充当溶剂的体系中中获得最大的收率。

表 6-3 不同反应介质中的反应结果

序列	溶剂	底物	催化剂	反应温度/K	转化率	选择性
1	CH_3CN		10% Cr-PKU-1	354	20	99
2	CH_3CN		10% Cr-PKU-1	354	22	99
3	CH_3CN		10% Cr-PKU-1	354	25	99
4	CH_3CN	HO—◯	10% Cr-PKU-1	354	30	99
5	CH_3CN	HO—◯	10% Cr-PKU-1	354	67	99
6	CH_3CN	HO—◯	10% Cr-PKU-1	354	62	99

表6-3（续）

7	THF	HO—◯	10% Cr-PKU-1	354	1%	99%
8	MeOH	HO—◯	10% Cr-PKU-1	354	2	99%
9	EtOH	HO—◯	10% Cr-PKU-1	354	3%	99
10	Acetone	HO—◯	10% Cr-PKU-1	354	4	99
11	DMF	HO—◯	10% Cr-PKU-1	354	4	99
12	H2O	HO—◯	10% Cr-PKU-1	354	21	99
13	CH_3CN	HO—◯	10% Cr-PKU-1	298	4	99
14	CH_3CN	HO—◯	10% Cr-PKU-1	318	4	99
15	CH_3CN	HO—◯	10% Cr-PKU-1	343	4	99
16	CH_3CN	HO—◯	10% Cr-PKU-1	354	46	99
17	CH_3CN	HO—◯	0% Cr-PKU-1	354	1	99
18	CH_3CN	HO—◯	6% Cr-PKU-1	354	17	99
19	CH_3CN	HO—◯	10% Cr-PKU-1	354	46	99
20	CH_3CN	HO—◯	20% Cr-PKU-1	354	56	72

表6-3(续)

21	CH₃CN	HO—⬡	30% Cr-PKU-1	354	62	57
22	CH₃CN	HO—⬡	0% Fe-PKU-1	354	1	99
23	CH₃CN	HO—⬡	5% Fe-PKU-1	354	1	99
24	CH₃CN	HO—⬡	10% Fe-PKU-1	354	3	99
25	CH₃CN	HO—⬡	20% Fe-PKU-1	354	4	99
26	CH₃CN	HO—⬡	30% Fe-PKU-1	354	4	99
27	CH₃CN	HO—⬡	0% Fe-6%Cr-PKU-1	354	17	99
28	CH₃CN	HO—⬡	5% Fe-5%Cr-PKU-1	354	4	99
29	CH₃CN	HO—⬡	10% Fe-5%Cr-PKU-1	354	4	95
30	CH₃CN	HO—⬡	20% Fe-5%Cr-PKU-1	354	4	90

  反应温度也被研究者用来考察对模板底物环己酮的反应速率和产物环己酮的选择性的影响，其中298~354 K 被选为温度测试范围。如表6-3所示，当反应温度初步提高时，反应速率明显增加，这意味着仲醇的脱氢反应在 Cr-PKU-1 的催化作用下是一个对温度十分敏感的反应。在298~354 K 整个温度变化范围内，醇类转化为酮类的选择性可保持在95%以上，这就说明了354 K 可以作为一个最优反应温度来进行随后的探究。

  合适的氧化剂投料量对于一个氧化反应来说，能够有利于获得很高的反应收率，然而过量的氧化剂也会导致反应体系过氧化，使得目标产物的选择性降低。1 mol 环己醇的脱氢需要化学当量的双氧水消耗。因此，控制 H_2O_2 与环己醇的投料比在0.25~4 的范围内来考察该因素对于反应结果的影响（见图6-14）。如表6-3所示，环己酮的收率随着双氧水与环己醇投料量的比值升高而升高，一旦这个比值高于2时，产物的收率将显著下降，无法达到99%，并不断降低。因此，大于实际所需计量比的双氧水投料量有利于获得更高反应活性，但其投料量超过某个定值时，就会导致体系发生深度氧化。而对于Cr-PKU-1氧化还原分子筛参与的反应体系来说，最优的30% H_2O_2投料量为底物量的两倍。

图6-14 在10% Cr-PKU-1催化作用不同 H_2O_2/环己醇的投料比下环己醇的反应速率及环己酮的选择性

我们也可选择Fe-PKU-1及F、Cr共掺的PKU-1为对比来探究Cr在催化剂中的作用。过渡金属的种类及数量都会对脱氢反应的转化率及目标产物选择性起到重要作用。研究者们发现Cr-PKU-1比Fe-PKU-1的活性高得多，进一步提升Fe的掺杂量也并不能提升环己醇的选择性脱氢活性；Fe、Cr双掺PKU-1的催化活性也进一步说明了这一点。研究者们发现Cr含量为0%、6%、10%、20%和30%的PKU-1的催化活性是不同的，具体结果如图6-15所示，母体PKU-1也被作为参照进行活性测试。当Cr的掺杂比例从零增加到10 atom%的时候，反应的TOF从0.25增加到18.25 $mol_{sub}\cdot mol_{Cat}^{-1}\cdot h^{-1}$，但环己酮的选择性并没有随之线性增加；而Cr的掺杂量一旦超过10%，向30 atom%增加时，过多的氧化还原活性金属活性位会促使副反应的出现，从而导致环己酮的选择性降低。研究者也相应地对体系中与副反应有关的反应机理进行了详细探究。

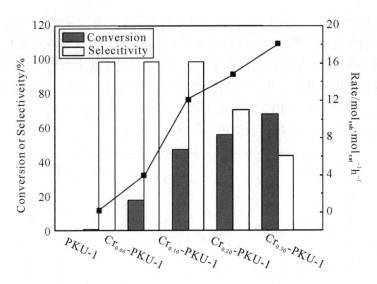

图 6-15　含有不同 Cr 掺杂量的 PKU-1 的催化结果

含 Fe 的分子筛，如 Fe/AlPO-5[57,59] 被报道在氧化还原反应中是非常有效的。但是在目前这个反应体系中，该金属离子掺杂的 PKU-1 并没有起到良好的催化作用。Fe 掺杂量为 5%、10% 和 30% 的 PKU-1 都没有对环己醇体现出良好的促进作用，其中 0% Fe-PKU-1 催化所得 TOF 是 Fe 系列掺杂PKU-1 中最高的，但是也仅仅只有 $1.08\ mol_{sub} \cdot mol_{Cat}^{-1} \cdot h^{-1}$。Leithall 及其合作者曾在 2013 年报道，V、Ti 共掺的 AlPO-5 具有强劲的氧化还原催化活性，这源于两种活性金属的协同作用[60]。然而，Fe 与 Cr 共同进入 PKU-1后并没有起到协同的催化作用。

研究者们通过对 Cr-PKU-1 的催化反应选择性的研究，发现粉末状催化剂不仅可以用离心分离技术从反应体系中分离出来，还能在丙酮和水清洗烘干之后再次被使用。如图 6-16 所示，经过 5 次催化反应，有 10% Cr-PKU-1 能保持原有稳定结构，并且没有出现催化反应带来的损失，此种现象证明 Cr-PKU-1 适用于此反应体系。但同时，通过 ICP 分析，研究者发现在反应溶液中约有 4.13% Cr 的析出。这种现象并不罕见，活性位点的金属在受到反应系统的影响时，例如氧化剂类型和浓度变化，会导致活性位点的金属泄漏。但如果使用氧化效率较低的有机氧化剂 TBHP 代替氧化效率高的双氧水，则可使活性金属 Cr 的释放量大大降低，甚至达到忽略不计的程度。

由于每次试验后粉末催化剂都会有少量不可避免的损失，因此反应物和溶剂的投料量都会做相应比例的减小。

图 6-16   10% Cr-PKU-1 的循环催化活性及每次循环的催化反应结果

综合分析之前的研究结果，研究者们思考在仲醇的氧化过程中，Cr-PKU-1中的 Cr 离子是否能被当作一个能有效活化双氧水进而生成带有氧化活性的中间体自由基的活性位点。对此，我们开展如下实验来验证此猜想。第一步，将一定量的氧化剂双氧水和可充当反应介质的乙腈加入试管；第二步，加入少量粉末状 Cr-PKU-1；第三步，用保鲜膜密封其口并放置 4 个小时；第四步，用高锰酸钾对反应体系进行滴定检测并分析。

在静置的 4 小时反应过程中，我们对反应现象进行观察，发现在反应过程中，随着反应的进行，伴随着起泡的产生，如图 6-17 所示，在试管壁上可以观测到非常明显的气泡。这些气泡来源于 Cr-PKU-1 催化双氧水分解从而产生的氧气，此种现象说明 Cr-PKU-1 可打破双氧水的-O-O-键，随之释放出包含氧的活性中间体，如·OH 自由基或者超氧离子自由基·O_2^-。此外，若这些高活性物质没有被完全消耗，这些带有氧的自由基很快会失去活性，同时互相结合生成氧气。例如环己醇脱氢反应，这些高活性的氧化物普遍被认为能有效地从环己醇中捕获 H，进而使反应体系加速脱氢。

以 $KMnO_4$为氧化剂，通过对残余的 H_2O_2用氧化还原滴定法定量检测，我们发现氧气分子的演化逸出速率与 Cr-PKU-1 骨架中 Cr^{3+}浓度呈正相关，图 6-17 所示。换言之，Cr-PKU-1 中较高浓度的铬意味着更高的催化效率，因为双氧水能更快地产生活性自由基，同时这些自由基能有效地从环己醇中捕获氢，从而加速使 H_2O_2脱氢成活性中间体。进而我们可认为环己醇的反应转化速率与催化剂 Cr-PKU-1 骨架 Cr 含量之间呈正相关关系，但过多的铬位点则并不利于目标产物环己酮的选择性，如图 6-17 所示。

图6-17　Cr-PKU-1 活化 H_2O_2 产生 O_2 的速率
以及使用 $KMnO_4$ 定量反应剩余 H_2O_2 的消耗量

　　之前，研究者普遍认为双氧水 H_2O_2 会被分解成羟基自由基（·OH）和超氧阴离子（$·O_2^-$），或者其中一种。不可否认，这两种活性自由基往往是氧化还原反应中的关键物种[61-62]。随后，研究者开始重点关注活性中间体，即 Cr-PKU-1 刺激双氧水分解产生的活性物质。

　　一方面，我们使用对苯二甲酸荧光法来原位监测反应过程中羟基自由基的形成[63]。其作用原理是，对苯二甲酸能捕获羟基自由基，从而形成强荧光化合物，此强荧光化合物的最大荧光发射集中在 440 nm 左右，并且其发射强度与液相中产生的 2-羟基对苯二甲酸的量成正比例[64]。若没有催化剂，则荧光弱到无法检测，这代表在无催化剂条件下产生的羟基自由基的量可以忽略不计。在加入 10% Cr-PKU-1 后，我们发现以 440 nm 为中心的宽吸收带，其荧光强度随反应时间逐渐增强，如图6-18 所示。

　　另一方面，通过前人研究得知，四唑氮蓝（NBT）是紫色甲烷形成的、并被广泛使用的超氧化物离子指示剂，其吸光度值为 k = 560 nm[65-66]。因此，我们用四唑氮蓝作为探针分子来原位检测另一种可能的活性物种超氧离子自由基。在没有催化剂的空白试验组中，我们发现产物有色甲（Formazan）浓度同样连续增加。但当 10% Cr-PKU-1 加入测试溶液中后，其产生的超氧离子自由基的浓度远低于空白实验组。

(a)   (b)

（a）TA 法测试捕获·OH 的结果图；（b）UV-vis 法捕获·O_2^- 的结果图。

图 6-18 PKU-1 以及 Cr-PKU-1 活化 H_2O_2 产生·OH、·O_2^- 的情况

值得一提的是，羟基自由基和超氧离子自由基的浓度的变化呈相反趋势。简单来说，Cr-PKU-1 骨架中的 Cr 虽能催化 H_2O_2 快速生成活性氧自由基，但同时也会抑制其产生超氧离子自由基。基于此，我们发现催化仲醇的脱氢反应的关键活性物质应当是羟基自由基。不仅如此，Cr-PKU-1 也能抑制超氧阴离子的生成，此特效可有效消除由 O_2 引起的副反应。

的确如此，过渡金属的种类和浓度都会对转化率和选择性产生影响。首先，高浓度的 Cr^{3+} 离子会使环己醇氧化反应的转化率升高，这证实了 Cr-PKU-1 催化剂能增强羟基自由基的生成。为进一步验证此种结构-活性关系，我们使用荧光分子探针法来检测在不同金属离子掺杂合成的 M-PKU-1 催化剂作用下的双氧水分解生成羟基自由基的形成效率。如图 6-19 所示，用不同金属掺杂 PKU-1 对 H_2O_2 进行催化分解检测，发现活性金属掺杂位点的类型和数量会对羟基自由基生成速率产生影响。Cr-PKU-1 骨架中 Cr^{3+} 离子能有效促进双氧水中羟基自由基的生成，而 Cr^{3+} 离子催化 H_2O_2 转化为羟基自由基的能力则较差。这一现象明确了为什么在仲醇的选择性氧化过程中 Cr-PKU-1 比 Fe-PKU-1 催化剂有更好的催化活性。

另外，2-羟基对苯二甲酸的荧光强度随着 PKU-1 中过渡金属 Cr 掺入量的增加而迅速增加。换言之，催化剂骨架中较高浓度的 Cr^{3+} 离子能使双氧水更快地生成羟基自由基，进而提高环己醇选择性氧化的反应转化率。

总之，Cr-PKU-1 具有非常大的催化潜力，它不仅可以有效地调控 H_2O_2 的活化能力，而且羟基自由基是其唯一的产品。

图6-19　不同 Cr、Fe 掺杂量的 Cr-PKU-1 和 Fe-PKU-1 刺激 H_2O_2 产生 ·OH 的状况

　　在此研究中，研究者们以仲醇的脱氢反应为模型反应，当 PKU-1 骨架中 Cr^{3+} 的浓度约为 10% 时，就可达到较高的转化率和选择性（>99%），并且在 PKU-1 的八面体框架中可允许的 Cr^{3+} 浓度高于 TS-1 中可掺杂进入的 Ti 的含量。虽然在进一步的研究中我们发现 Cr-PKU-1 中更高浓度的 Cr^{3+} 含量会导致环己酮出现深度氧化，但不可否认的是，高浓度 Cr^{3+} 的 Cr-PKU-1 催化剂会在其他催化反应中同样具有广阔的应用前景。

　　综上，研究者们明确了在此反应体系中，催化环己醇脱氢反应主要是由羟基自由基的浓度进行控制，另外也猜测可能需要临界的羟基自由基浓度来推动该脱氢反应。如上所述，通过详细的实验，Cr-PKU-1 的 Cr^{3+} 离子被证明在双氧水催化转化成活性自由基中起着关键性的作用，因此对在此过程中起作用的 Cr^{3+} 的鉴定是很有吸引力的。通过文献阅读我们发现，高价态的过渡金属位点的变化形式通常会降低到较低的价态的。例如，在 Fenton 或者是类似 Fenton 的反应体系（如 Fe^{3+}-H_2O_2 体系），人们通常鉴定 Fe^{2+} 物种为活性物种，其中，像 Fe^{3+}-Fe^{2+}-Fe^{3+} 氧化还原循环体系与羟基自由基的产生是根据所谓的 Fenton 机制建立的[67-69]。类似地，某些含铬离子偶联（可能是偶联的 Cr^{3+}/Cr^{2+}）很有可能参与到 Cr^{3+}-H_2O_2 反应体系中，下文我们通过循环伏安法反应对此进行讨论。如图 6-20 所示，不同 Cr 掺杂量的 Cr-PKU-1 均呈现单一的氧化及还原过程，其 $E_{1/2}$ 位于 0.48 V（参比电极为 Ag/AgCl），氧化电位约为 0.64 V，还原电位约为 0.32 V。与此同时，相似的循环伏安曲线和电流强度比表明 Cr^{3+} 处在 PKU-1 框架内，并且该元素的氧化还原过程是可逆且可重复的。因此，随着铬浓度的增加，相关电流强度也越来越强。结合之前的 XPS 数据可知，Cr-PKU-1 中的 Cr 被证明是 Cr^{3+}。因此，通过数据比较和合理推断可知，图 6-20 中的氧化还原循环应该是由 Cr^{3+} 与 Cr^{2+} 离子之间的可逆反应产生的。并且，图 6-20 中也没有较

高的相对峰值电位，说明 Cr-PKU-1 骨架中的 Cr^{3+} 不太可能发生 Cr^{3+}/Cr^{6+} 或 Cr^{3+}/Cr^{5+} 的价态循环[70]。

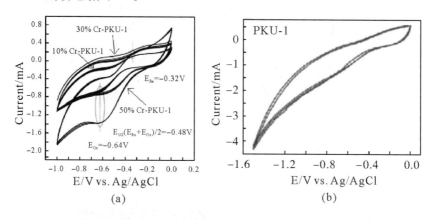

图 6-20　不同 Cr 含量的 Cr-PKU-1 的 CV 曲线

稳定的骨架被认为不利于活性金属阳离子的配位及价态转变，并且反应活性位点的氧化还原过程需依赖催化剂的多孔结构和由此产生的具有强应力的骨架，这就会导致局部变形甚至更低的结构不对称[71-72]。而在 Cr-PKU-1 中，其骨架中存在三个独立且化学位置不同的金属位置，其中一个位于畸变的八面体环境中[73]。

现在，一些研究人员认为，极稳定的骨架往往不利于活性金属阳离子的配位及价态转变，并且反应活性位点抗氧化还原过程似乎高度依赖于材料多孔结构和由此产生的具有强应力的骨架。因此，研究者们推测 Cr^{3+} 非常容易经历催化氧化还原循环。

随后，研究者们基于上述讨论及先前的文献报道[74-76]，提出了相应的催化反应机理。如图 6-21 所示，Cr-PKU-1 中的 Cr^{3} 与 H_2O_2 反应生成 $Cr^{2+}-OOH$ 物种及 H^+。随后，该物种中的 O-O 断裂产生 $Cr^{2+}-O$ 和羟基自由基。而 $Cr^{2+}-O$ 能够从底物环己醇中捕获 H，进而生成 $Cr^{2+}-OH$；$Cr^{2+}-OH$ 能够与 H^+ 结合，循环回本体。与此同时，研究者们也发现酮类的选择性取决于反应条件，尤其是体系中氧化剂的投料量以及活性位点的含量。他们进一步使用气相色谱、气相色谱-质谱联用以及高效液相色谱技术鉴定了这些催化反应中出现的中间体，为识别及鉴定环己醇的降解途径提供了坚定而有力的证据。

图 6-21　Cr-PKU-1 催化环己醇脱氢中可能存在的反应机理

如前面几部分实验中我们所陈述的，环己酮的选择性非常取决于反应条件的状况，尤其是在 Cr-PKU-1 催化体系中双氧水的投料量或 Cr^{3+} 离子在 Cr-PKU-1 的掺杂量。例如，当双氧水/环己醇的投料量比例从 2 倍增加到 3 倍时，由于过度氧化，环己酮的选择性将迅速降低至约 50%，因此反应也会产生大量副产物，如二羧酸等。更为有趣的是，研究者使用气相色谱、气相色谱-质谱联用以及高效液相色谱技术对环己醇的氧化降解产物进行定性和定量分析。为了理解方便，该氧化降解路径可分为：路径 I、路径 II 和路径 III，具体见图 6-22。

（1）环己醇；（2）环己酮；（3）ε--己内酯；（4）己二酸；
（5）戊内酯；（6）戊二酸；（7）丁内酯；（8）o, m or p-环己二醇；
（9）2, 3 or 4 羟基环己酮；（10）环己烯酮；（11）1, 4-环己二酮。

图 6-22　Cr-PKU-1 催化环己醇脱氢反应中存在的氧化降解路径

在反应路径中，环己醇会经历氧化脱氢、Baeyer-Villiger 反应及开环反应，逐步降解为一些含碳量较少的小分子。路径 II 和路径 III 都会包含脱氢和羟基化步骤，而二者之间的区别则在于这两个反应步骤发生的顺序。具体来说，在路径 II 中，环己醇最初是需要通过羟基化反应被氧化成邻位、对位或间位环己二醇，随后再发生脱氢得到相 2、3 或 4-羟基环己酮。而在路径 III 中，羟基环己酮则会优先生成。

正如研究者们猜测的那样，环状仲醇的氧化降解路径并不是等效发生的，并且主要是受到反应条件的影响。

总之，新型的八面体氧化还原分子筛 Cr-PKU-1 显示出比掺 Fe 样品更为优越的催化性能（对于 Cr^{3+} 掺杂量为 10% 的 PKU-1，选择性为 99%，TOF 为 10% Fe-PKU-1 的 15 倍）。Cr-PKU-1 中孤立的 Cr 位点为催化活性位，能够快速活化 H_2O_2 释放活性羟基自由基。研究者用荧光探针法证明，Cr 位点能够单一地活化 H_2O_2 产生羟基自由基，同时抑制超氧自由基的生成。与此同时，体系中羟基自由基的浓度也与 Cr 在 PKU-1 骨架中的含量息息相关。而体系中的羟基自由基浓度则被证实与反应活化期时间呈正相关。在催化反应的过程中，Cr 位点也会发生 Cr^{3+}-Cr^{2+}-Cr^{3+} 循环来帮助传递氧化还原物质。最后，研究者也使用诸多色谱技术阐明了环己醇过度氧化时可能发生的氧化降解路径。

6.4 硼铝酸盐氧化还原分子筛的合成、表征及催化应用实例——Fe-PKU-1 的酸催化应用

Fe_X-PKU-1 是在封闭的聚四氟乙烯高压釜中通过硼酸熔剂法合成的。以 10%Fe-PKU-1 的合成为例，将 0.30 mmol（0.12g）Fe（NO_3）$_3$·$9H_2O$、1.40 mmol（0.53g）Al（NO_3）$_3$·$9H_2O$ 和 0.10 ml 浓 HNO_3 密封在 25 mL 高压釜中加热直至液化。待容器冷却后，加入 49 mmol（3.03g）H_3BO_3 作为反应物，提供弱酸性反应环境。然后，再次密封高压釜并以 483K 加热 3 天。反应完成后，将产物混合物用去离子水洗涤直至杂质完全去除，最终产物在 335K 下干燥以进行进一步的催化测试和表征。通过改变 Fe（NO_3）$_3$·$9H_2O$ 和 Al（NO_3）$_3$·$9H_2O$ 的量合成其他催化剂，方法同上。

为了了解 PKU-1 的晶体结构是否受掺杂 Fe 的影响，我们进行了系统的 XRD 研究，得到 Fe 负载的函数（见图 6-23a）。结果表明，随着 Fe 负载量从 0% 增加到 30%，PKU-1 的 XRD 谱没有明显变化，这表明 Fe 没有改变 PKU-1 的整体结构。此外，通过 Lebail 精修获得了晶体数据，如晶胞体积

（见图 6-23b）、a 轴和 c 轴（见图 6-24），表明 Fe 原子的半径 ［0.645°A，配位数（CN）=6］ 大于 Al 原子（0.535°A，CN=6）[77]。随着 Fe 加载量的增加，晶胞体积呈线性增加，当 Fe 加载量超过 18% 时，晶胞体积趋于平稳。从红外光谱（见图 6-25）可以看出，在 1 626 和 2 750~3 700cm^{-1} 附近的宽吸收带与 O-H 基团的伸缩振动有关[78]。带峰出现在 586 和 624cm^{-1} 处，对应于八面体中 Al-O 键的振动运动[79]。其他位于 490、713、893、948 cm^{-1} 和 1 340 cm^{-1} 的位置归因于 B-O 反对称拉伸，而后四个与 BO$_3$ 组中的 BO 物种有关[78]。在 1 018 cm^{-1} 和 853 cm^{-1} 处没有对应于 BO$_4$ 基团的特征峰，表明硼原子是平面三角形 BO$_3$ 配位模式而不是四面体 BO$_4$ 配位模式[80]。这些 IR 模式可以表明，Al 原子也完全处于八面体配位，而 B 原子也以三角形几何结构配位，因为框架中的三价铁物种增加，这进一步表明 Fe 掺杂剂没有改变框架 PKU-1。这些数据证明了当 Fe 负载量低于 18% 时三价铁成功同晶取代到 PKU-1 晶格中。一些常用的分子筛，如 Fe-ZSM-5 和 MCM-41，由四面体骨架组成。由于是框架外插入或框架中的低浓度型掺入，过渡金属（TM）的掺杂对其晶胞参数的影响通常不明显[81,82]。因此，由骨架取代促进的这些材料的良好反应性通常是值得怀疑的，不能下定论。

图 6-23　（a）x Fe-PKU-1 样品（x=0%、4%、10%、12%、15%、18%、20%、25% 和 30%）的粉末 XRD 谱图。（b）LeBail 拟合得到的细胞体积 vs. x（蓝点）。红点代表 ICP-AES 实验计算出的 x 值；图中是 18%Fe-PKU-1 的 TEM 图像和基于（110）晶格平面的微晶尺寸。（c）10%Fe-pku-1、18%Fe-PKU-1 和 20%Fe-PKU-1 的 Fe 2p 的 XPS 谱。（d）Fe、Al 和 b 的 EDS 元素映射图，分别为 4%Fe-PKU-1、18%Fe-PKU-1、20%Fe-PKU-1 和 25%Fe-PKU-1 的接触角测量图。（e）PKU-1、10%Fe-PKU-1、18%Fe-PKU-1 和 20%Fe-PKU-1 的 B 1s 的 XPS 谱

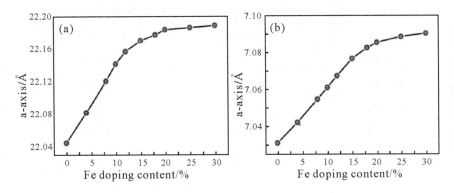

图 6-24　LeBail 精修的掺杂不同 Fe 时 PKU-1 的 a 轴和 c 轴的晶格参数

图 6-25　0%、10%、18%和25%Fe-PKU-1 样品的红外光谱

基于 Scherrer 方程对 XRD 图案的计算也用于估计这些金属硼酸盐的平均微晶尺寸，结果表明（见图 6-23 和表 6-4），增加样品中的 Fe 负载量观察到微晶尺寸的小幅增加。10%PKU-1、18%Fe-PKU-1 和 25%Fe-PKU-1 的比表面积也证实了这一情况，其比表面积分别为 89.4、61.4 和 45.2m²/g（见图 6-26）。PKU-1、4%Fe-PKU-1、10%Fe-PKU-1、18%Fe-PKU-1、20%Fe-PKU-1 和 25%Fe-PKU-1 的水接触角（WCAs）分别为 10.9°、12.1°、21.7°、31.9°、24.4°和22.7°，说明掺入 Fe 有利于提高 PKU-1 的疏水性。当 Fe 含量超过 18%时，能使金属硼酸盐的亲水性增强。

表 6-4　基于 (110) 晶面的 xFe-PKU-1 的 FWHM 数据和微晶尺寸

Sample	FWHM	Crystallite size/nm
4% Fe-PKU-1	0.259 0	0.536 9
12% Fe-PKU-1	0.256 0	0.543 3
18% Fe-PKU-1	0.255 3	0.544 9
20% Fe-PKU-1	0.252 6	0.550 7
25% Fe-PKU-1	0.248 5	0.559 7

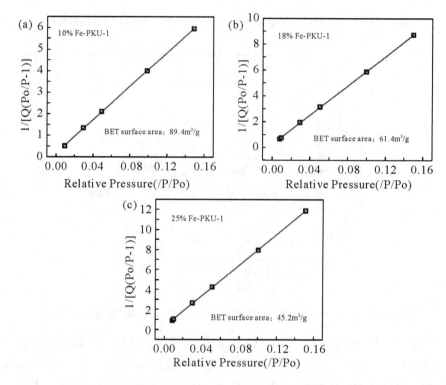

（a）10%Fe-PKU-1；（b）18%Fe-PKU-1；（c）25%Fe-PKU-1。

图 6-26　通过 N_2 吸附-解吸法测定的 BET 比表面积

　　随后，使用 TEM 和 ICP 对 Fe-PKU-1 样品的形态和化学成分进行分析。在 TEM 图像（见图 6-23b）中，18%Fe-PKU-1 催化剂表现出针状形态，EDS 元素映射分析（见图 6-23d）表明 Al 和 Fe 物种都均匀分布在样品上。此外，来自 HRTEM 的晶格条纹和衍射点（见图 6-27）表明，存在具有明确定义的 (110) 面和 (100) 面的单晶。如图 6-27b 所示，ICP-AES 结果表明，在所有 Fe-PKU-1 催化剂上，实际的 Fe 负载量在目标负载量的百分之几的误差以内。

为了揭示 xFe-PKU-1 近表面层的元素组成和电子结构，对 Fe 载量为 0%、10%、18% 和 20% 的 Fe-PKU-1 催化剂进行了 XPS 测量。图 6-23c、图 6-23e 和图 6-28 显示了 Al 2p、Fe 2p、B 1s 和 O 1s 的详细光谱图。完整的 XPS 光谱如图 6-29 所示。以 C 1s 峰在 284.6eV 处的结合能（BE）为参考。结果表明，18%Fe-PKU-1 的 Fe 2p3/2 和 2p1/2 峰分别为 712.5eV 和 725.9eV，明显高于 Fe_2O_3（710.9eV 和 72.4eV）。这可能是由于 Fe 原子在 PKU-1 框架内的高度分散[83,84]。Fe 2p 峰系统地向低 BE 移动，Al 2p 和 B 1s 峰系统地向高 BE 移动。这表明铁、铝和硼之间有很强的电子相互作用。随着 Fe 成分的增加，O1s 向较低 BE 的系统峰移也证明了这种强电子相互作用（见图 6-29）。这一变化表明，随着 Fe 组成的增加，表面氧空位的数量增加，促进了电子从 Al 和 B 向 Fe 的转移[85]。Fe_x-PKU-1 材料中 Fe 2p 和 O1s 的类似 BE 位移也表明 Fe 和 O 原子都从周围的 Al 和 B 原子获得电子。电荷转移可以调节催化剂的表面酸碱性质并进一步影响其反应性。

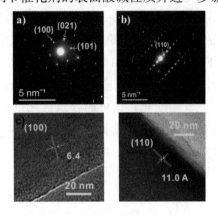

图 6-27　（a）、（b）18%Fe-PKU-1 的电子衍射图；（c）、（d）条纹之间的空间距离为 6.4Å 和 11.0Å，对应于具有指数值的晶面（100）和（110）

图 6-28　PKU-1、10%Fe-PKU-1、18%Fe-PKU-1 和 20%Fe-PKU-1 的 Al 2p（a）和 O 1s（b）的 XPS 光谱

图 6-29　不同 Fe 负载量下 PKU-1 的 XPS 光谱

对所有不同 Fe 掺杂量的铝硼酸盐催化剂的催化性能进行了测试，以研究掺入的铁元素在缩酮化反应中的特定作用。所有测试均在 50mL 烧瓶中进行，该烧瓶由硅油浴加热，在 400rmp/min 的剧烈搅拌下进行。如图 6-30 所示，随着 Fe 负载量的增加，实验发现甘油缩酮的反应性能稳定增加。然而，当 PKU-1 中的 Fe 负载量超过 18% 时，转化率和甘油缩丙酮（Solketal）选择性都下降，并且同时促进了副反应。随着 Fe 掺杂的增加，催化剂表面的疏水性和亲水性可能发生变化，这可能导致催化剂对甘油缩酮化的催化活性发生变化。如图 6-30 所示，随着材料中铁含量的增加，PKU-1 的疏水性逐渐增强，而铁含量超过 18% 时，催化剂的疏水性被证明可以加速甘油和酮形成的中间体的脱水步骤，从而促进 GLY 的酮化反应[86]。当用苯甲醛与甘油反应时，转化率很小。较大的反应物可能不易接触到催化剂的表面反应位点。GanapatiV. Shanbhag 及其同事报告了类似的反应结果，这也表明较小尺寸的酮与甘油反应更有利于形成 Solketal[87]。此外，如前所述，Fe 掺杂增强了 PKU-1 的结晶度，这些 Fe 促进的铝硼酸盐的表面积也相应减少。因此，PKU-1 中的 Fe 负载并不总是有助于提高催化活性。

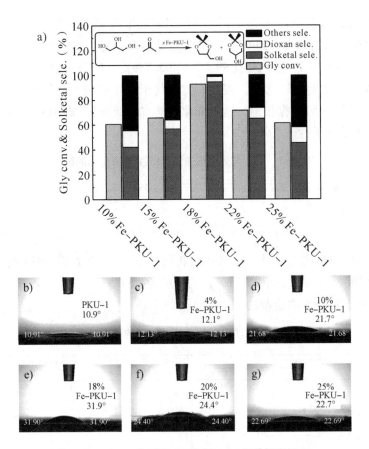

图6-30　（a）不同 Fe 担载量 PKU-1 的催化结果；
（b）-（g）不同 Fe 担载量 PKU-1 的水吸附角实验结果

　　研究者同时还考察了反应温度对催化性能的影响。结果表明，当温度升到 318K 时，缩酮化反应可以得到促进，而当温度高于 318K 时，Solketal 的选择性显著下降。这种现象可能是由甘油缩醛化反应的放热性质造成的。这种轻微的下降与之前对间歇反应系统的研究一致[88]。如图 6-31 示，催化剂投料量（18%Fe-PKU-1）的稳定增加有利于改善甘油转化率和 Solketal 的选择性。然而，酸性位点的增多不利于 GLY 缩醛化的过程，当催化剂负载量超过 50mg 时，Solketal 的产率无法进一步提高。甘油和丙酮的投料比（见图 6-31）显示了类似的趋势，且最佳投料比为 1/5。此外，18% 的 Fe-PKU-1 可以循环使用四次（见图 6-31b），但其催化性能下降 17.7%。这可能是由于强结合的反应物或中间体占据了表面反应位点所致[88-90]。经过 4 次运行后，18%Fe-PKU-1 与合成的 Fe-PKU-1 的 XRD 谱图基本一致。即使经过 4 次运行，18%Fe-PKU-1 的晶体参数 a、c 和 V 几乎相同（见

图 6-31b)，这表明 Fe 掺杂的铝硼酸盐具有高度稳定的框架，而新鲜样品和回收材料显示出与 BO_3 组有关的差异（见图 6-31）。Fe-PKU-1 在转化率（92.8%，对应于理论最大值 99.0% 的 93.7%）、选择性（98.3%）和 TOF（358.4 h^{-1}，初始；51.7 h^{-1}，表观）方面优于近年来报道的其他路易斯酸催化剂（见表 6-5）。据报道，这些催化剂具有较低的甘油转化率、Solketal 选择性和较低的活性[91-93]。

表 6-5　GLY 与先前报道的 LAS 主导催化剂的比较

Catalyst	Reaction temp. (K)	Reaction time (h)	GLY conv. (%)	Solketal sel. (%)	[a]Facial TOF (h^{-1})	[b]Initial TOF (h^{-1})	Ref.
Hf-TUD-1	353	6	52	> 99	320	—	[51]
V-MCM-41	333	1	~ 93	~ 95	0.18	—	[52]
VO$_x$NT	383	6	73	17	37	—	[53]
Fe-PKU-1	318	3	92.8	98.3	51.7	358.4	This work

a 表观 TOF 通过表达式［转化的底物］/｛［催化剂中酸性位点的摩尔数］×时间｝并根据 3 小时（h^{-1}）的反应数据计算。

b 基于表 6-6 中绘制的方法计算初始 TOF。

表 6-6　$_x$Fe-PKU-1 表面元素的化学组成

Catalyst	Atomic ratio (%)			Fe/(Fe+Al+B) ratios (%)	Atomic concentration (%)		
	Fe	Al	B		O_L	O_{ads}	O_{H2O}
PKU-1	0	10.3	23.4	—	3.5	39.3	57.2
10% Fe-PKU-1	0.9	10.2	22.7	2.6	7.6	39.6	52.5
18% Fe-PKU-1	1.3	9.3	21.5	4.0	9.2	39.6	48.8
20% Fe-PKU-1	1.6	9.1	19.1	5.4	9.9	39.4	50.7

图 6-31　Fe-PKU-1 在缩酮化反应中的催化性能

温度（a）、催化剂负载（b）和两种反应物的进料比

（c）对 Fe-PKU-1 催化 GLY 和丙酮之间的缩酮化反应的影响

（反应条件：1g GLY，5g 丙酮，适量催化剂，318K，3h）

为了深入了解 Fe-PKU-1 表面成分变化对催化反应活性的影响，研究者们对材料表面的化学组成进行了分析。XPS 结果表明，随着 Fe 掺杂量的增加，表面 Fe 组成逐渐增加，而 B 成分逐渐降低（见表 6-7）。这种现象在已进行的工作中也出现过[94-96]。结合上述催化结果（见图 6-31），表明当 Fe 总掺杂量等于或小于 18% 时，系统地增加表面 Fe 组分可以提高 Solketal 的选择性。然而，当 Fe 总掺杂量高于 18% 时，Solketal 的选择性急剧下降，表明表面反应活性发生了变化。O 1s 的解卷积（见图 6-31）显示了几种不同类型的 O 物种，分别为晶格氧（O_{Latt}，529.7eV），表面化学吸

附的羟基或其他表面氧化物（O_{ads}，531.3eV）和吸附在表面的分子水（O_{H2O}，532.8eV）[97,98]。从表 6-6 可以看出，当 Fe 掺杂量低于 18% 时，O_L 急剧增加，并且 O_{ads} 的变化很小，说明 Fe-PKU-1 表面的 B 酸量相对稳定。然而，当 Fe 负载量超过 18% 时，研究发现 O_L 的变化很小。随着 Fe 负载量增加到一定水平，PKU-1 内分散良好的 Fe 物种会形成小团簇，这可能与转化率和 Solketal 的选择性降低有关。这个假设将在下一段中详细讨论。

研究者们利用紫外-可见漫射光谱分析了含 Fe 量为 10%、18%、20% 和 30% 的 PKU-1 催化剂中 Fe 和 O 之间的电荷转移跃迁，其可以提供催化剂中配位态和铁元素聚集程度的信息[99]。他们利用高斯/洛伦兹函数进行波段反褶积，以了解催化剂中的 Fe 种类。结果表明，在所有掺杂 Fe 的 PKU-1 材料上都有一个明显的吸附带，大约在 270nm，这可能是由于孤立的六配位 Fe-O 振动[100,101]。随着 Fe 成分的增加，该谱带变宽（见图 6-32）。所有催化剂的峰值都在 300 nm 到 400 nm 之间，这可能是由于形成了小的低聚铁团簇[102]。这与通过 XPS 测量观察到的表面附近 Fe 成分随着 Fe 负载增加而增加（见表 6-6）相吻合。400 nm 以上的吸附带峰面积最初很小，这归因于位于催化剂外表面的大 Fe_2O_3 颗粒的 *d-d* 跃迁[102,103]。定量分析（见表 6-7）表明，最初 Fe 在 PKU-1 本体中以较少团聚的铁物质（$\lambda < 300$ nm）形式存在，并随着掺杂量的增加而低聚成簇（300 nm $< \lambda < 400$ nm）。最后，当 Fe 成分超过 18% 时，会形成大的 Fe_2O_3 颗粒（$\lambda > 400$ nm）。大 Fe_2O_3 颗粒的形成似乎降低了表面反应活性，这可能与甘油的转化率和 Solketal 的选择性的降低有关。

表 6-7 Fe-PKU-1 的紫外-可见漫反射光谱的反褶积计算的不同铁物种类的百分比

Catalyst	Fe species (%)		
	I_1 (%, $\lambda < 300$ nm)	I_2 (%, 300$< \lambda <$ 400 nm)	I_3 (%, $\lambda >$ 400 nm)
10% Fe-PKU-1	71.4	23.7	4.9
18% Fe-PKU-1	64.9	24.4	10.7
20% Fe-PKU-1	47.9	25.4	26.7
30% Fe-PKU-1	38.3	30.3	31.4

图6-32 Fe$_x$-PKU-1（x=10%、18%、20%和30%）的 UV-Vis 光谱

在缩酮化反应中，催化剂酸度的性质对催化反应活性起着至关重要的作用[86,104-105]。研究者使用正丁胺的乙腈溶液进行非水电位滴定，研究了这些含 Fe 的铝硼酸盐的酸性性质，并根据电位滴定曲线（见图6-33）计算 Fe-PKU-1 的酸性位点总量和 E_i 值（对应于酸性位点的强度）。结果显示 E_i 值和 Fe 成分之间存在火山型趋势，18%Fe-PKU-1 显示出最高的 E_i 值（99.1mV）。这与催化性能测试中观察到的趋势一致，这表明提高催化剂的酸度可以提高缩酮化反应的催化性能。定量分析表明，PKU-1、12%Fe-PKU-1、18%Fe-PKU-1、22%Fe-PKU-1 和 25%Fe-PKU-1 的酸位点数量分别为 0.031、0.032、0.065、0.039 和 0.036mmol/g。18%Fe-PKU-1 催化剂具有最高数量的酸性位点，因此具有最优的催化反应活性（见图6-30）。值得注意的是，18%Fe-PKU-1 的 E_i 值在 4 次反应后从 99.1eV 略微下降到 98.1eV，而该样品中酸位点数量下降了 10%，因此后者与该样品的反应活性损失（下降 17.7%）更相关。Fe-PKU-1 中酸位点数量比酸性位点的强度对反应影响更大。

图 6-33　（a）使用正丁胺对具有不同 Fe 负载量的 PKU-1 进行电位滴定，

测试结果显示在插图中。（b）18%Fe-PKU-1 的吡啶-IR 测量结果。

（c）Fe-PKU-1 催化的 GLY 和丙酮的动力学研究：-lg（d$_{CGLY或丙酮}$/dt）vs. -lg（C$_x$）。

10%、15%、18%和25%的 Fe-PKU-1 对于 GLY 和丙酮的反应级数。

（d）丙酮吸附在（i）纯 PKU-1 的硼位点，（ii）晶格中用 Fe 修饰的 PKU-1 的硼位点，

（iii）硼位点，（iv）PKU-1 在晶格和表面都用 Fe 改性。绿色球体，B；红色球体，

O；蓝色球体，Al；浅粉色球体，H；浅棕色球体，Fe；深棕色球体，C

　　为了进一步确定 Brønsted 和 Lewis 酸位点在该类催化材料上甘油缩酮化反应机理中的作用，研究者采用吡啶吸附 FT-IR 来测试 18%Fe-PKU-1 的酸性质。如图 6-33 所示，位于 1 449 cm^{-1}、1 574 cm^{-1} 和 1 617 cm^{-1} 的峰属于路易斯酸位点；位于 1 544 cm^{-1} 和 1 639 cm^{-1} 的峰与 B-OH 引起的 B 酸位点有关；1 491cm^{-1} 波段对应 L 酸和 B 酸。在 18%Fe-PKU-1 的样品中，L 酸的含量明显高于 B 酸。如前所述，XPS 结果显示 O$_{ads}$ 几乎没有变化，说明这些 Fe 促进的铝硼酸盐表面的 B 酸量相对稳定。XPS 结果还表明，随着铁掺杂量的增加，电子从 Al 和 B 转移到 O 和 Fe，硼原子中的电子损失可以增强其 Lewis 酸性质。此外，实验证明 Fe 元素成功地掺杂到 PKU-1 的晶格中，UV-vis 测试表明它们可以从孤立的原子转变为材料中双核的小团簇。这种变化可能会影响 Fe 物种的理化性质，如其 Lewis 酸性质，并提高其催化活性[106]。因此，我们接下来将运用动力学研究和 DFT 来确定 Fe 和 B 在

反应过程中对其 Lewis 酸性质的贡献；分析 Fe 促进的铝硼酸盐的 BET 测量结果，进一步结合先前关于 PKU-1 被硼酸阻塞通道的观点[107]。我们可以推断反应发生在 Fe-PKU-1 的几何表面，催化效果仅与 Fe-PKU-1 中的酸性位点有关，而与催化剂的比表面积无关。

研究者们还设计了动力学实验和相关的时变反应，以进一步获得有关反应机理的一些启示。他们通过对 18%Fe-PKU-1 催化剂在不同时间的实验数据的数学运算，计算出反应动力学参数。结果表明，当反应物溶液中 GLY 的浓度非常高（10.0 mol/L）时，ln（dC_甘油/dt）和 ln（C_甘油）之间存在良好的线性关系（见图 6-34）。当在反应中使用过量的丙酮时，我们也发现了类似的趋势。我们测得这两种情况下 ln（dC_X/dt）和 ln（C_X）的相关斜率分别为 2.01 和 2.11，表明在 18%Fe-PKU-1 以上的缩酮化反应遵从二级反应动力学[108]。为了解 Fe 如何影响反应动力学，研究者们在 PKU-1框架中研究了甘油和丙酮的分级数作为 Fe 组成的函数。图 6-34 和图 6-35表明甘油的反应级数从 1.92 变化到 2.01，Fe/（Fe+Al）比从 10%上升到25%，而丙酮的反应级数从 1.83 上升到 2.11。结果表明，这些金属硼酸盐比甘油更有利于丙酮的活化。

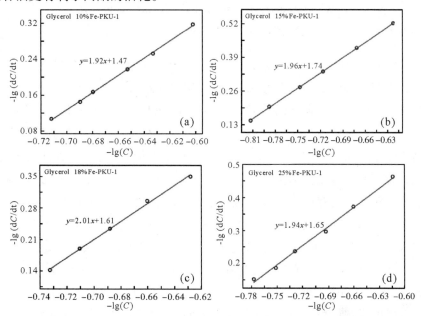

图 6-34 -lg（dC/dt）与-lg（C）的函数，用于计算甘油的反应级数，
10%Fe-PKU-1、15%Fe-PKU-1、18%Fe-PKU-1 和 25%Fe-PKU-1
分别为 1.92（a）、1.96（b）、2.01（c）和 1.94（d）

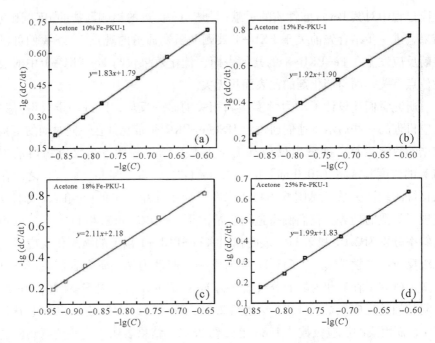

图 6-35   -lg（dC/dt）与-lg（C）的图像，用于计算丙酮的反应级数

以及 10%Fe-PKU-1、15%Fe-PKU-1、18%Fe-PKU-1

和 25%Fe-PKU-1 分别为 1.83（a）、1.92（b）、2.11（c）和 1.99（d）

　　了解 Fe$_X$-PKU-1 的硼位点在反应中的作用也很重要。我们之前对 PKU-1 的研究表明，硼原子可以作为 Strecker 反应中的路易斯酸位点。这些位点也可以与其相邻的羟基协同作用，这些羟基在反应中充当 Brønsted 酸中心[107]。Lewis 酸位比 Brønsted 酸位更有利于活化丙酮[91]。在目前的研究中，动力学结果表明丙酮在 Fe$_X$-PKU-1 催化剂上的缩酮化反应比甘油更敏感。因此，我们使用丙酮作为探针进行量子化学建模计算，以确定表面 B 反应位点是否对丙酮具有更高的反应性。表面 Fe 位点也可以表现为 Lewis 酸位点，因此我们对其也进行了比较测试。在本研究中，我们模拟了纯 PKU-1、在 PKU-1 的晶格内掺杂 Fe 以及在 PKU-1 的晶格中和表面上掺杂 Fe 的反应。在纯 PKU-1 的情况下，丙酮在硼位点上的吸附能力为-1.2eV。当 Fe 结合到 PKU-1 晶格中时，E_{ads} 为-1.3 eV，这表明当 Fe 成分太低时，其对丙酮键合强度影响很小。而当 Fe 存在于表面（-2.1 eV）时，表面硼位点与丙酮分子之间的相互作用急剧增加，这表明硼反应位点的表面反应活性显著提高。这可能是由于当 Fe 物种出现在表面时，表面硼原子的电子结构发生了变化，这包括 XPS 结果中显示的硼 BE 蓝移。表面反应活性增强的硼位

点可以促进反应中 C-O 键的断裂。与表面硼位点相比，丙酮在表面 Fe 位点吸附的能量测量为+0.1 eV，吸热明显高于硼位点。这种显著的能量差异清楚地表明，表面硼位点比表面 Fe 位点更有利于吸附丙酮。这与我们对新鲜催化剂和回收催化剂的 IR 研究结果一致，其中与 BO_3 基团（$1\ 230\ cm^{-1} \sim 1\ 575\ cm^{-1}$）相关的峰在 4 次运行后变宽和分裂，这表明反应物有利于在表面硼位点上键合。有趣的是，PKU-1 不能促进 GLY 缩酮化，而如果将铁物质引入该材料中，则会促进甘油的反应性。进一步结合 XPS 结果，我们可以推断从 B 到三价铁物种的电荷转移可能会增加硼原子中的 Lewis 酸度，从而增加丙酮活性以加速反应过程。

根据实验获得的结果和先前的报道，我们提出了其反应机理，见图 6-36。当底物扩散到 Fe-PKU-1 的表面时，硼原子作为 L 酸激活丙酮中的丙酮羰基，然后亲核攻击甘油中的伯醇基团，并通过连接该三羟基醇的 β-碳原子形成中间体。然后，该中间体发生脱水，最终形成甘油缩醛。普遍认为，这种脱水是由 B 酸主导的，并可能对 Solketal 的选择性产生重大影响[86]。然而，在目前的体系中，Fe 对于 Solketal 的生成似乎比 B 酸更为关键。具体而言，当寡聚体中的铁物质与 B 酸同时存在时，前者与 Solketal 的形成更加密切相关。据报道，过渡金属的种类、价态和团聚程度对脱水反应的结果有相当大的影响。例如，Fe 修饰的 ZSM-5 在合成气制二甲醚过程中表现出比 Cu-ZSM-5 更高的催化性能，这是由于 ZSM-5 的酸性质在铁引入时显著增强[109]。综上所述，Solketal 选择性与 PKU-1 中铁物种的结构转变密切相关，PKU-1 中的硼物种可以作为 Lewis 酸位点与丙酮反应以促进缩酮化反应。

当低含量的 Fe 掺杂剂分散在 PKU-1 的晶格中时，反应转化率线性增加。然而，过量的三价铁成分（>18%）将转化为三氧化二铁，反应转化率和 Solketal 的选择性因此下降。结果表明，18%Fe-PKU-1 的催化剂表现出最好的催化性能（在 Solketal 中转化率为 92.8%，选择性为 98.3%）。此外，XPS 分析、IR 测试、酸性质测量、动力学研究和 DFT 计算均表明，硼位点在丙酮的活化及促进反应过程中起着重要作用，而 Solketal 的选择性与 PKU-1 中铁物种的存在状态密切相关。值得注意的是，PKU-1 中的硼原子对丙酮不表现出活性，但是，PKU-1 材料中铁的引入导致硼和铁掺杂剂之间的电荷转移，即硼中的电子损失，从而导致硼原子中 Lewis 酸的性质增强，从而增加其反应活性。这一发现因硼原子的催化性能而引人注目，因为它们在这些反应中一直被视为旁观者。

图 6-36 Fe-PKU-1 催化 GLY 缩酮可能的机制

6.5 硼铝酸盐氧化还原分子筛的合成、表征及催化 应用实例——Cr-PKU-8 的氧化还原催化应用

PKU-8 在 PKU-n 系列材料中是非常独特的一个[110-113]，必须在碱性环境中合成，并且具有不同寻常的阳离子骨架[114]。具体来说，pKU-8 有一个非常有趣的框架结构，由两个不寻常的建筑单元组成，即一个 12 元硼酸盐环 [$B_{12}O_{30}$] 和一个铝八面体簇 [Al_7O_{24}]，它们通过共享末端 O 原子连接。此外，结构研究和 BVS 计算表明，PKU-8 的骨架带正电荷（[$H_{18}Al_7B_{12}O_{36}$]$^{3+}$），这对于纯无机骨架来说是罕见的。结构中的硼羟基可以提供理论上的 Lewis 和 Brønsted 酸位点。因此，PKU-8 将是一种很有潜力的分子筛材料。

在有机合成反应中，有许多非常关键的反应，如伯醇、仲醇选择性氧化生成相应的羰基化合物，但传统的实验工艺需要化学计量的无机氧化剂参与，因为目前环境保护的要求而逐渐被大家废弃[115]；均相催化剂（如可溶性金属盐或复杂分子）是一种比较传统且高效的催化剂，但是由于回收困难、回收能力低、易失活等缺点，许多均相催化的催化体系并不适合于商业化[116]。为了克服上述问题，化学家们研究了多种策略，发现使用多相催化剂系统似乎是最佳的解决途径。此外，将绿色氧化剂（如 H_2O_2 或 O_2）与多相催化剂结合应用是一种更有发展前途的方式。然而，这些绿色氧化剂在应用中也存在一些问题，如极性强会破坏催化剂的结构，对催化剂的

形貌或活性中心也有苛刻的要求。因此，一些研究者也非常重视使用更为良性的氧化剂，特别是对叔丁基过氧化氢（TBHP）的利用。作为氧化剂，TBHP 在有机合成中具有许多优点：热稳定性高、处理更安全、破坏性更小、在没有金属催化剂的情况下不能被活化、在非极性溶剂中和叔丁醇中具有良好的溶解性以及叔丁醇是主要的副产物，可以通过蒸馏容易地除去。此外，由活性位点和 TBHP 之间的相互作用产生的烷氧基是在其他活性底物（如 O_2）存在下快速产生其他氧自由基的良好引发剂。长期以来，TBHP 一直被用作醇氧化的氧化剂，但其机理尚不清楚。

此外，当探讨到含金属的非均相催化剂的作用时，活性金属起着重要的作用。在无机化合物如氧化物中对具有氧化还原活性的金属进行晶格取代，可提供具有独特活性和选择性的氧化催化活性剂，并能防止活性位点的团聚和泄漏等[117-118]。当材料的粒径足够小时，如纳米催化剂，其能够体现出独特的表面效应及体积效应等[119-121]。

因此，研究者们详细研究了新型掺 Cr^{3+} 的纳米硼酸铝的合成及其理化性质。阳离子骨架催化剂催化醇在绿色溶剂水中的氧化，以高选择性（99%）（氧化剂为 70 wt% TBHP）产生相应的脱氢产物。Cr^{3+} 的晶格取代在 PKU-8 晶体的生长中起着关键作用，使材料的最终形态呈现规律的形貌及高阶晶面。同时，研究者以环己醇（CHOL）转化为环己酮（CYC）为模型对催化体系进行了评价，通过实验设计和仪器表征，探究了体系中的催化反应机理。结果表明，PKU-8 骨架中的 Cr^{3+} 是促进反应及催化 TBHP 活化成 t-BuO$^•$ 和 t-BuOO$^•$ 的必要活性位点。此外，根据循环伏安法（CV）和 X 射线光电子能谱的结果，其氧化过程还涉及一个氧化还原循环 Cr^{3+}-Cr^{2+}-Cr^{3+}，这很可能是激活 TBHP 产生活性官能团的关键步骤。研究者通过实验，详细提出了合理的反应机理，并用密度泛函理论（DFT）进行了逐步验证。计算结果与实验结果相吻合，证明了该体系的合理性。

与前文中 Cr-PKU-1 的合成不同的地方在于，Cr-PKU-8 的合成不需要原料的活化[122-123]。如图 6-37 所示，20% Cr-PKU-8 所有的衍射峰都属于 R_3 空间群，没有观察到杂质峰，这表明 Cr 的进入并不会影响 PKU-8 的母体结构。

体相材料中的 Cr 一般会以不同的价态存在，如 Cr-AlPO[124-126] 中会存在 Cr^{5+} 或 Cr^{6+}。在 20% Cr-PKU-8 的 Cr 2p 图谱中出现两个特征峰，位于 577.4 eV 和 587.1 eV，它们与 CrCl$_3$ 577.7（$2p_{3/2}$）和 587.1（$2p_{1/2}$）中的数值较为稳合，而二者间微小的差异来自不同的化学环境或测量的系统误差[122]。

小圈代表直接观察到的数据；实线代表拟合数据。

图 6-37　直接合成的 20% Cr-PKU-8 的 Le-Bail 精修图谱

红外光谱的指纹区域（1 300 cm^{-1} ~ 1 440 cm^{-1}）能够用来分析化学物质的精细结构。见图 6-38，20% Cr-PKU-8 的谱峰首先出现在 800 cm^{-1} ~ 1 100 cm^{-1} 处，可归属于三配位硼和四配位硼[114]。而位于 1 300 cm^{-1} 和 1 350 cm^{-1} 处的峰应当代表含 B[127-131] 化合物的反对称拉伸的高频成分。1 630 cm^{-1} 处的峰能够被归属于-OH 基团的弯曲振动模式。而在 2 700 cm^{-1} ~ 3 700 cm^{-1} 宽吸附带非常强，与-OH 或 H$_2$O 的拉伸振动有关，表明结构中存在与-OH 有关的氢键[132-134]。与此同时，^{27}Al 和 ^{11}B 核磁共振和红外光谱（见图 6-39）表明，铝原子完全处于八面体配位，而 B 原子存在两种几何构型，即三配位和四配位[110,114,135]。以上数据再次确认了 Cr^{3+} 掺杂不会再次导致框架的无序。

选取 20% Cr-PKU-8 的 XRD 图形进行 Le-Bail 精修（见图 6-37），拟合后图谱基本吻合，收敛性较高，同时得到的晶胞参数为 a = 15.06 Å，c = 14.03 Å，V = 2 757.26 Å^3。从 PKU-8 的晶胞参数（a、c 和 V）的变化可以看出，随着 Cr 掺杂量的增多，其晶格参数线性扩展，通过 Le-Bail 精修拟合后，明确证实了 Cr^{3+} 成功地进入到 PKU-8 的骨架中（见图 6-40）。同时，晶体学参数的线性增大与较大离子半径的 Cr^{3+}［0.615，配位数（CN）= 6］掺入较小离子半径的 Al^{3+}（0.535，CN = 6）会导致其晶格参数增大这一事实相符[136-137]。

图 6-38　20% Cr-PKU-8 的红外光谱[135]

图 6-39　20% Cr-PKU-8 的 ^{27}Al NMR 以及 ^{11}B NMR 图谱[130]

　　此外，需注意的是最终进入骨架的取代金属含量与初始投料比可能不完全一致，通过对三个不同 Cr 掺杂量的 Cr-PKU-8 样品进行了元素含量分析表明（见图 6-40），当掺杂的 Cr^{3+} 浓度较低（$x = 0.10$）时，用电感耦合等离子体原子发射光谱法（ICP）测定的 Cr^{3+} 的含量（x 值）与 Cr/（Cr+Al）的起始比值相近，而当 Cr^{3+} 浓度较高时（$x = 0.20$，0.35），其测量值与实验比值相比偏差较大。

图 6-40　不同 Cr 含量的 Cr-PKU-8 XRD 图形

（使用 Le-Bail 精修方法对 Cr 含量的 Cr-PKU-8 XRD 图形进行处理后
所得到 a、c 以及 V 这三者的数据，其中红色的圆形、
三角形为所得到的 ICP 数据[149]）

　　合成的 PKU-8 母体 TEM 图片显示其具有直径约 50 nm 的白色类球状形态（见图 6-41）。而随着 Cr 掺杂量的提高，Cr-PKU-8 的颜色逐渐从白色变为紫色。同时，随着骨架中 Cr^{3+} 含量的增大，其生长形态由类球状逐渐向规则立方体转变。

图 6-41 PKU-8（a）、10% Cr-PKU-8（b）、20%
Cr-PKU-8（c）以及 30% Cr-PKU-8（d）的 TEM 图形

我们对母体 PKU-8、10% Cr 掺杂量的 Cr-PKU-8 和 30% Cr 掺杂量的 Cr-PKU-8 进行了 BET 测试，以验证 Cr-PKU-8 的晶体生长随着 Cr^{3+} 在骨架中的含量变化的影响，并选择 20% Cr 掺杂的材料作为代表进行了详细的 N_2 吸附和解吸实验。测得 20% Cr-PKU-8 的比表面积为 46.9 m^2/g，同时观察到单分子层在吸附结束后存在拐点，因此判定其属于 Ⅱ 型吸附等温线[138-140]。分析得到其滞后环的产生是由立方 20% Cr-PKU-8 样品的叠加造成的。对于其他样品表面积的研究发现：母体 PKU-8 的比表面积为 59.9 m^2/g；10% Cr-PKU-8 为 54.2 m^2/g；30% Cr-PKU-8 为 37.4 m^2/g（见图 6-42）。研究者发现，随着 Cr^{3+} 浓度的增加，Cr-PKU-8 的比表面积（x = 0%、10%、20% 和 30%）有规律地减小。这证明了将杂原子引入母体框架（PKU-8）会严重影响其理化性质和晶体学参数。例如，将双离子掺入到 $MAPbBr_3$ 结构中能够通过电子掺杂缩小带隙并增加导电性[141]。至今为止，人们对于在材料掺杂杂原子后对材料的形态控制，一直认为它与结合能、表面自由能和材料内部的键合特性变化有关，即价带态的电子结构[142-147]。直到洪刚等人利用顶级透射电镜证明了可以通过表面活性剂配体来控制材料表面向 [111] 面生长的能力，而 [100] 面上的低迁移率阻止了其在 [100] 的生长[143]。表面活性剂配体的影响，会使球形的纳米颗粒最终会成长为纳米立方体，这种晶体生长过程与 Cr-PKU-8 非常相似。通过查阅文献可知，催化剂晶体中高能面往往比低能面生长速度更快，这将导致其快速生长的面消失，最终材料会暴露低能晶面[148-150]。对于 Cr-PKU-8 材料而言，快速生长导致其最终消失的高能面应为[89]，所以暴露的低能面应为[89]。

图 6-42　PKU-8、10% Cr-PKU-8、20% Cr-PKU-8 以及 30%
Cr-PKU-8 的 BET 数据及曲线

如前所述，在高温煅烧的条件下可以将一些水合聚硼酸盐脱水以得到新的无水硼酸盐。基于此，研究者将 20% Cr 掺杂的 PKU-8 样品在不同温度（每个温度 3 小时）下加热；并在 723 K 退火后，通过 XRD 测得 Cr-PKU-8 在约 8°（2 Theta）处的特征峰仍然可见。因此，将退火温度进一步提高至 873 K 和 1 123 K 后，发现 Cr-PKU-8 的 X 射线衍射峰完全消失，这说明了 Cr-PKU-8 在高温下转变为 $Al_4B_2O_9$：0.20 Cr^{3+}。退火后的产物颜色从紫色（Cr-PKU-8）变为绿色（$Al_4B_2O_9$：0.2 Cr^{3+}）。

此外，20% Cr-PKU-8 还被选取进行了 TGA-MS 分析，测试条件为在 Ar 气氛下以 10 k/min 的加热速率对 PKU-8 加热。测试结果显示，20% Cr-PKU-8 和母体 PKU-8 的 TGA 结果相近，这与 2008 年发表的 PKU-8 的 TGA 结果一致[114]。分析实验结果可知，在 523 K 时，吸附水可以完全去除且不影响其骨架结构，重量损失约 4.2 wt%（约 $3H_2O$）；当加热到更高的温度（约 680 K）时，重量损失急剧增大（18.7 wt%）。若在此温度下继续升温，其重量损失仍逐渐增加（4.0 wt%）。我们通过质谱监测，发现其释放气体主要为-OH（Mass 为 17）、H_2O（Mass 为 18）、B（OH）（Mass 为 28）和 HCl（Mass 为 36），但 HCl 的质量信号较弱（见图 6-43）。因为在 PKU-8 的骨架结构中-OH 连接着两个 $[B_{12}O_{30}]$ 和 $[Al_7O_{24}]$ 结构单元，所以与其他已知的铝硼酸盐（如 PKU-1[110]）骨架相比 PKU-8 的骨架结构稳定性差。此外，在 PKU-8 体系中掺入的 Cr^{3+} 只有两个可能存在的位置，一个是具有四面体的 B 位点，另一个是具有八面体的 Al 位点；而在无机化合物中的 Cr^{3+} 具有很强的八面体配位倾向，若 Cr^{3+} 处于四面体位置，则单胞参数不能显示出明显的变化[151]。同时，从 Cr-PKU-8 和母体 PKU-8 的 TGA 曲线变化来看，其变化趋势基本一致，说明 Cr^{3+} 的掺入并不能改善其骨架的不稳定性。

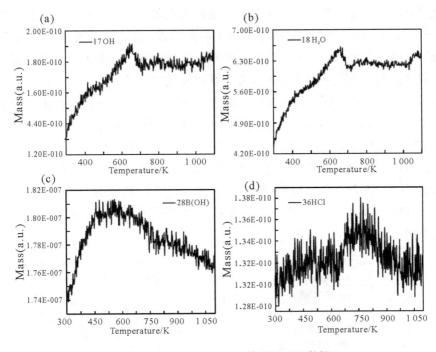

图 6-43　20% Cr-PKU-8 的 TGA-MS 数据

该研究以 70 wt% TBHP 为氧供体化下，以 Cr-PKU-8 为催化剂对几种醇类进行液相催化氧化。在给定条件下，20% Cr-PKU-8 对所有仲醇转化成酮的选择性都很高。在 9 种不同的醇中，环己醇和环庚醇的转化率最高，分别为 83% 和 90%。对催化结果分析可知，Cr 掺杂的 PKU-8 对烷基醇的催化选择性均高于 70%，但没有出现显著差距。然而在芳香醇作为底物时，由于存在共振式，其转化率普遍偏低，所有很难通过 Cr 掺杂的 PKU-8 将芳香醇转化为脱氢产物[152-154]。但相同催化体系下对于烷基伯醇而言，其反应结果不尽理想；特别是当羟基位于烷烃碳链末端形成烷基伯醇时，与仲醇相比其转化率普遍较低。其中，当羟基位于不同位置的醇类物质需添加氧化剂氧化时，如一级醇和二级醇之间的化学选择性总是满足如下描述的情况：当一、二级醇在相同反应条件发生反应时，无论是在均相或多相催化体系中，相比二级醇而言一级醇的转化率始终较高[155-159]，或其反应结果差异不大[160-161]。通过文献查阅，我们发现，相比二级醇而言，一级醇反应过程中位阻作用更小，因而反应活性高[155,158,162]。因此，一级醇比二级醇表现出更好的化学选择性是一个很常见的现象。但也出现过极少数非常规的反应现象，如 2004 年文献中报道以 V_2O_5 作为催化剂、氧气作为氧化剂时，其结果与上述结果出现明显差异[163]。醇和 TBHP 由于吸附的位点不同，因此其催化结果出现显著差异。具体来说，如果醇类在催化剂表面被 Cr^{3+} 活化，则 TBHP 作为表面活性剂在催化剂表面的吸附位置的 Cr^{3+} 可能是另一个 Cr^{3+}，而不是同一个的 Cr^{3+}。此外，一些研究者还报道了在一级醇和二级醇之间由于脱氢过程所需能量的差异进而造成其对催化活性的影响，此影响可以通过控制反应条件，特别是改变反应温度来克服。因此，研究者在甲苯中选择加入 1-丁醇、1-戊醇、1-己醇和 1-庚醇并在较高的反应温度（383 K）下进行验证和催化评价测试。在反应 8 小时后，研究者通过测试得到 1-戊醇的转化率仅为 11.5%，选择性为 87.5%；1-己醇的转化率仅为 18.7%，选择性为 83.2%；1-庚醇的转化率为 21.3%，选择性为 81.8%（见图 6-44）。所以，引起伯醇与仲醇活性差异的最可能原因是所需反应活化能的不同。

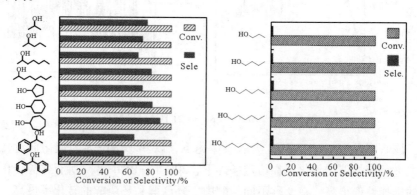

图 6-44　20% Cr-PKU-8 催化 14 种不同醇的反应速率和相应产物的选择性

选择的氧化剂的差异会导致氧化过程中起作用的活性物质的不同，这是常见的影响均相和非均相催化氧化反应的关键因素之一。据报道，当 H_2O_2 作为供氧体时，在 Cr-PKU-1 作用下产生的 OH 对反应起到了关键作用。而在使用 Cr-PKU-8 作催化剂、H_2O_2 作氧化剂时，反应还释放了大量的羟基自由基（·OH），导致其体积急剧增加，底物的转化率和产物的选择性也更高，这与 Cr-PKU-1[137] 下的结果不同。此外，我们也不能忽视当 H_2O_2 作为氧化剂时，在反应过程中 Cr-PKU-8 的溶解，因此该催化材料不适用于以 H_2O_2 作为供氧体的反应。同时，在 Cr-PKU-8 催化该反应体系中，存在大量的·OH，导致环己酮的选择性不能达到99%以上；相反若选择的氧化剂为 TBHP，情况就大不一样了。为了验证这一情况，研究者在该体系中首先采用对苯二甲酸（TA）荧光法测定了反应混合物中的·OH 存在情况，经测量发现该体系中·OH 的含量是微量的。但 TBHP 释放的自由基，即叔丁氧基（t-BuO·）和叔丁氧基（t-BuOO·）是同时存在或仅存在一个[164-165]。因此，研究者直接以环己醇-d_{12} 为反应物，使用同位素示踪法探索了这个问题（见图6-45、图6-46、图6-47、图6-48）。经研究发现，在该反应中底物转化率为32%，选择性保持在99%以上。通过同位素效应我们很容易理解，分子量重的分子化合物通常比分子量轻的分子化合物的反应速率常数慢[166-167]。在反应混合物中，叔丁醇（t-BuOH）、叔丁醇过氧化氢（t-BuOOH）和水（H_2O）都被同位素标记，而生成的 t-BuOOH 并非全部被同位素标记。根据参考文献[168-169]，我们发现反应中产生的 t-BuOOH 总是来自烷基化物中 t-BuOO·氢的提取；在烷基化物和氧化剂 t-BuOOH 中，也很容易推断出 t-BuOH 是由 t-BuO·从氢化过程中转化而来。基于此，可以得出结论，在相同条件 Cr-PKU-8 作催化剂的条件下，t-BuO·和 t-BuOO·均在反应体系中起关键性作用。

图 6-45　使用 GC-MS 分析环己醇-d_{12}作为底物
得到的氘带叔丁醇和非氘带叔丁醇的 MS 图谱

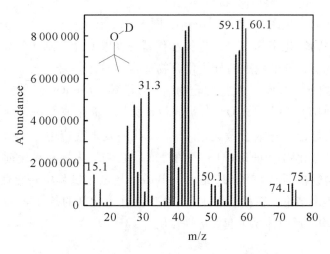

图 6-46　使用 GC-MS 分析环己醇-d_{12}作为底物
得到的氘带的水和非氘带水的 MS 图谱

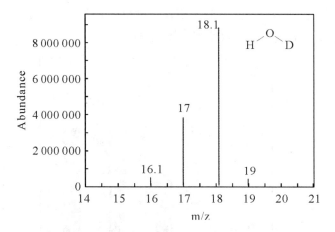

图 6-47 使用 GC-MS 分析环己醇-d_{12} 作为底物得到的
氘带叔丁醇过氧化氢和非氘带叔丁醇过氧化氢的 MS 图谱

图 6-48 对苯二甲酸检测法检测到的使用双氧水与
叔丁基过氧化氢为氧化剂时羟基自由基的释放情况

为了深入研究掺入 Cr^{3+} 的 PKU-8 材料对醇类选择性氧化的特殊作用，研究者使用了不同 Cr 掺杂量的 PKU-8 催化剂并进行了一系列的活性测试。结果表明（见图 6-49），在 PKU-8 骨架中掺入 Cr^{3+} 能显著提高环己醇的选择性，尽管母体 PKU-8 在无催化剂的空白条件下也呈现出相当程度的催化活性，但其选择性较低。所以随着 Cr/（Cr+Al）摩尔比从 0 增加到 20 atom% 时，环己醇的转化率呈线性增加；而当其原子比超过 20 atom% 时，环己酮的选择性反而从 99% 下降到 87%，说明过量的活性金属位点会引发副反应。据报道，Cr^{3+} 和其他过渡金属离子对一些常见的氧化剂，如 H_2O_2、O_2 和 TBHP 非常灵敏[137,170-174]；所以，催化剂骨架中含有过量的 Cr^{3+} 时会通过降解过程激活 TBHP 产生更多的自由基，致使催化转化率提升。

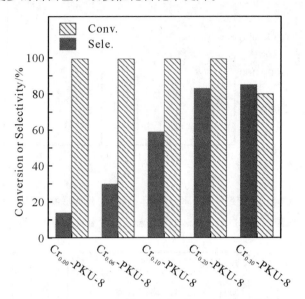

图 6-49　在不同 Cr 含量的 Cr-PKU-8 催化作用下模板底物
环己醇的反应速率及环己酮的选择性

　　适度的氧化剂投料量可确保目标产物的高收率，而过量的氧化剂往往会导致反应物过氧化，致使产品的选择性降低。据计量，1 mol 环己醇的脱氢制取环己酮需 1 mol 的 TBHP。因此，研究人员通过改变 TBHP 与醇类的投料摩尔比（从 2/1 到 5/1），来考察其对反应活性的影响，如图 6-50 所示。持续提高 TBHP/环己醇摩尔比，反应速率显著增加；而该比例达到 4/1 之前，也能对环己酮保持高的选择性（>99%）。所以 TBHP 的投料量越高，环己醇转化率就越高，相应的反应氧化深度也越深。

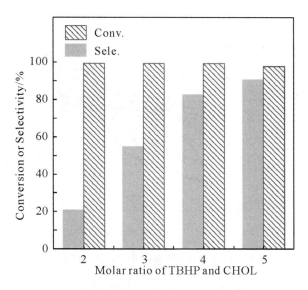

图 6-50 在 20% Cr-PKU-8 催化作用不同 TBHP/环己醇的
投料比下环己醇的反应速率及环己酮的选择性

在绝缘体材料如分子筛中掺入过渡金属离子可以构造氧化还原活性位点，使其具有氧化还原催化性能[175-176]。过渡金属离子的价态变化所形成的氧化还原循环有助于还原或氧化物质或传输上述物质，如 Fe^{3+} - Fe^{2+} - Fe^{3+}[177-179] 和 Cu^{1+} - Cu^{2+} - Cu^{1+} 循环[180-182]。Cr-PKU-8 中的 Cr^{3+} 离子也起着重要作用。因此，研究者用循环伏安法测定目前该反应体系中 Cr 离子可能存在的氧化循环，且很有可能参与反应中[183-186]。

图 6-51 中的 CV 曲线显示了掺杂 0%、6%、15% 和 30% 的 PKU-8 样品的曲线的变化。与 Ag/AgCl 相比，没有 Cr 掺杂的 PKU-8 没有体现出任何氧化还原过程。然而，Cr-PKU-8 则显示出明显的氧化还原过程，其氧化电位约处于 -0.9V，还原电位约处于 -0.7V，活性峰电位（$E_{1/2}$）约位于 -0.8V。进一步分析，不同 Cr 含量的 Cr-PKU-8 的氧化还原过程是准可逆的，可在 PKU-8 框架内重现。随着骨架中的 Cr 含量的不断增加，相应的电流强度将越来越显著。测试的还原电位约为 -0.70V，接近于一对 Cr^{3+}/Cr^{2+}（-0.63V vs Ag/Ag）。谱图的峰值偏向负电位应归因于体相材料与固溶体之间协调模式所产生的差异[187]。从 0 到 1 V 扫描时没有检测到氧化还原峰，这就说明没有较高的 $E_{1/2}$，意味着 Cr^{3+}/Cr^{6+} 或 Cr^{3+}/Cr^{5+} 的循环不太可能存在于该体系中[188]。

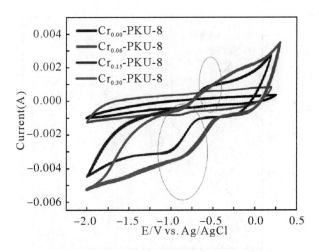

图 6-51　不同 Cr 含量的 PKU-8 的 CV 曲线

为了进一步验证催化系统中存在氧化还原循环 $Cr^{3+}-Cr^{2+}-Cr^{3+}$，研究者们还对催化反应 10 次后的 20% Cr-PKU-8 进行了 XPS 测试。在图 6-52 中，Cr 2p 谱图出现了两个很宽的峰，位于 576.9 eV 和 587.1 eV，分别对应三价 Cr 的 $2p_{3/2}$ 和 Cr $2p_{1/2}$ 轨道。有趣的是，反应后，Cr $2p_{3/2}$ 的峰值从 577.4 eV 转变为 576.9 eV，并且远离 Cr（金属）[189-193]的 $2p_{3/2}$，这就说明了催化剂中的三价铬会被还原为二价。

图 6-52　新鲜制备的 20% Cr-PKU-8 与反应 10 次后的 XPS 图谱

在过渡金属及其他物种[196-198]的诱导下，反应体系中会存在氧化还原金属循环电对和 TBHP 被刺激后释放的自由基[199-201]。Fe^{3+}–Fe^{2+}–Fe^{3+}[202-203] 和 Cu^{2+}–Cu^{+}–Cu^{2+}[204-205] 这些过渡金属的氧化循环在活化 TBHP 的催化剂中最为常见，通过 Haber–Weiss 机理发生反应[206-208]产生 t–BuO$\cdot$ 和 t–BuOO$\cdot$[194-195]。20%Cr–PKU–8 催化环己醇氧化的反应机理如下：

$$\underset{}{Cr^{III}} + t\text{-BuOOH} \longrightarrow \underset{(1)}{Cr^{II}\text{-OH}} + t\text{-BuO}^{\cdot} \qquad （反应 1）$$

$$\underset{(1)}{Cr^{II}\text{-OH}} + t\text{-BuOOH} \longrightarrow Cr^{III} + t\text{-BuOO}^{\cdot} + H_2O \qquad （反应 2）$$

$$t\text{-BuOO}^{\cdot} \longrightarrow t\text{-BuO}^{\cdot} + 1/2O_2 \qquad （反应 3）$$

$$t\text{-BuO}^{\cdot} + t\text{-BuOOH} \longrightarrow t\text{-BuOH} + t\text{-BuOO}^{\cdot} \qquad （反应 4）$$

（反应 5）

（反应 6）

通过对以 TBHP 为氧化剂的 Cr–PKU–8 催化氧化仲醇的反应研究，研究者们发现 Cr^{3+}–Cr^{2+}–Cr^{3+} 循环电对、t–BuO$\cdot$ 和 t–BuOO$\cdot$ 是同时进行的。文献报道，TBHP 分解得到 t–BuOO$\cdot$ 的触发反应需要一个高价态金属离子转化为低价态金属离子[209-211]，该转化的还原电极电位应大于零，才能使 TBHP 产生更活泼的 t–BuOO$\cdot$ 自由基，如 Fe^{3+}+TBHP 产生 Fe^{2+}+t–BuOO$\cdot$[209,210]。接下来，低价离子将回归原来的高价态，并激活 TBHP 释放 t–BuO$\cdot$ 自由基。这两个步骤构成了 Haber-Weiss 反应的整个过程，并且在 TBHP 体内始终存在，这一过程已经得到了许多研究人员的验证[199,210]。框架中 Cr^{3+} 到 Cr^{2+} 的还原电极电位为-0.70 eV，因此我们有理由认为随着 Cr^{3+} 到 Cr^{2+} 的转化和中间体（1）的形成，将首先出现 t–BuO$\cdot$ 自由基（反应 1）。然后，（1）将与另一个 TBHP 结合产生 t–BuOO$\cdot$，同时 Cr^{2+} 转化为 Cr^{3+}（反应 2）。根据同位素示踪的结果可以确定 t–BuOO$\cdot$ 和 t–BuO$\cdot$ 都参与了从底物中提取氢的过程。更合理的结论是，t–BuO$\cdot$ 将羟基键的末端 H 与环己醇结合，t–BuO$\cdot$ 将

乙醇的 α-H 结合，其中中间体（2）将同时形成并生成 CYC（反应 5 和反应 6）。此外，我们也发现在催化反应中产生的 t-BuOH 也包含没有被同位素标记的 CYC，因此，有一些副反应，如反应 3 和反应 4 也应该出现在我们的催化系统中（见反应机理）。

研究者进一步使用密度泛函理论（DFT）对 Cr-PKU-8 催化体系进行了量子力学计算。首先，TBHP 和环己醇通过分子内的 O 吸附在催化剂（100）表面的 Cr，吸附能分别为 -1.9 eV 和 -0.8 eV。然而，TBHP 与 Cr-PKU-8 的相互作用要比环己醇强得多。下一步，TBHP 分子内的 O-O 键将断裂，在表面生成 t-BuO˙ 和 OH˙ 的中间体。另外，我们还计算了 TBHP 的脱氢反应，该步骤的能量为 +0.6 eV，这就说明此反应可能不会发生。然而，表面 Cr 位点很好地促进了 TBHP 的脱氢反应，并出现了 -OH 基团（Cr-OH），吸附能为 -0.9 eV，脱氢反应的热力学驱动力为 -0.3 eV，最终在表面形成水。

总之，t-BuO˙ 和 t-BuOO˙ 有利于从 CHOL 中依次去除醇 -OH 中的氢和 β-氢。用 t-BuO˙ 计算脱去羟基氢的热力学势垒为 -0.6 eV，对于 β-氢为 +0.1 eV。在 t-BuOO˙ 作用下，相同的两种脱氢途径热力学势垒分别为 -1.5 eV 和 -0.8 eV。因此，t-BuOO˙ 在 CHOL 的两个脱氢反应中都占主导地位，而 t-BuO˙ 只对羟基中的氢去除起一定作用。因此，t-BuOO˙ 比 t-BuO˙ 具有更高的脱氢能力。

通过分析前文的反应机理，我们根据反应结果和参考文献提出了两个副反应（反应 3 和反应 4）。然而，反应 3 的反应能垒为 +0.9 eV，这就表示此反应在该反应条件下不太可能发生。因此，未标记的 TBA 可能是由吸附在催化剂 Cr 上的 t-BuO˙ 与 TBHP 结合形成的，或由溶剂水甚至催化剂表面的 H 与 t-BuO˙ 的相互作用形成的。

综上所述，DFT 计算结果与我们的实验观测结果吻合，证实了所提出的反应机理的主体是完全合理的。

Cr-PKU-8 催化剂中的 TBHP 和 Cr^{3+} 的含量对氧化还原催化结果有着显著的影响，主要包括反应的转化率和选择性。例如，当 Cr^{3+} 浓度或 TBHP/环己醇的当量过高时，由于过度氧化，环己酮的选择性将低于 90%，而环己醇转化率的增加速度也较慢。研究者报道了环己醇作为反应物、30% 的 H_2O_2 作为氧化剂的 Cr-PKU-1 氧化体系中存在三种氧化降解途径。但以 TBHP 为氧化剂时，催化效果非常不同。

对于以 TBHP 为氧化剂的体系，环己醇首先氧化成环己酮，随后 CYC 通过 Baeyer-Villiger 反应过度氧化成 ε-己内酯。然后，ε-己内酯将继续氧化降解生成其他中间体，如己二酸和 δ-戊内酯。在对路径I的深入研究中发现，H_2

O₂为氧化剂时的过氧化产物的选择性始终高于 TBHP 下的过氧化产物。由于不存在·OH，因此在 TBHP 反应体系中路径Ⅱ和路径Ⅲ所产生的有机化合物总量很少，而一些羟基化的化合物则更少（见图6-53）。因此，选择合适的氧化剂，如 TBHP，对于提高选择性氧化中目标产物的选择性是非常有效的。

图 6-53 Cr-PKU-8 催化环己醇脱氢的反应过氧化降解路径；各种产物的质谱数据见附录

我们将 Cr-PKU-8 从反应液中简单分离出来，用低沸点溶剂除去残留的化学物质，在 343 K 下干燥，直接进行新的反应评价。在 10 次催化循环后，20% Cr-PKU-8 没有表现出明显的活性损失，并保持了原有的骨架结构。众所周知，由于氧化剂（H₂O₂、ROOH）和产物（H₂O、ROH、RCOOH 等）具有很强的络合物和溶解性，含有金属活性位的多相催化剂很容易被破坏[212-214]。但从图6-54可以看出，20% Cr-PKU-8 的形貌始终保持着立方形貌。

图 6-54 20% Cr-PKU-8 经过 10 次催化反应后的催化活性及反应前后的 SEM 图片

总之，研究者开发了一种新型催化剂 Cr-PKU-8 并应用于催化醇类选择性氧化反应。结果表明，Cr³⁺掺杂对材料的形貌调控起着至关重要的作用。另外，相比于一级醇，由于二级醇具有较高的脱氢能，并具有更高的化学选择性。以 CHOL 为模型底物研究 Cr-PKU-8 的催化性能，可以发现随着 PKU-8 中 Cr^{3+} 浓度的增加呈线性增加。用 ^2H 标记的 CHOL 同位素示踪实验证实，从 TBHP 中激发的活性物质为 $t\text{-}BuO^{\cdot}$ 和 $t\text{-}BuOO^{\cdot}$，其中 $t\text{-}BuOO^{\cdot}$ 起到了重要的夺氢作用。

6.6 Fe-PKU-1 的形貌及进一步的表面修饰对其酸性质及相关催化性质的影响及机理探究

在上一章中，我们发现将过渡金属 Fe 放入到 PKU-1 中可以有效调控材料表面的酸性质，尤其是路易斯酸的酸强度，从而可以高效促进其催化废油资源化（甘油缩丙酮反应）的高效进行。这是由于 Fe 进入到催化剂晶格内，PKU-1 结构中的硼（B）不断向其传递电子从而使其 Lewis 酸性质增强，这就与之前研究者们所报道的非金属元素的拟金属性改造类似，即如何开发和利用与过渡金属催化剂具有相似行为和反应性的主族分子或主族元素催化剂，以减少过渡金属在开发和使用中面临的稀缺性、高成本、毒性和环境问题。

如前所述，PKU-1 的骨架中存在大量的结构组成元素 B，该元素在自然界中广泛存在，自然丰度高、且毒性非常低，但是大多数自然状态下形成的 B 物种处于氧化态。有报道称，将过渡金属与主族金属或准金属元素相结合可以更大程度地增强非金属活性中心的强度，特别是三价硼化合物作为最普遍的 Lewis 酸，可用作这种方法改性进而表现出与过渡金属催化剂活性相当甚至体现出更优越的催化性能 [1-3]。

甘油缩酮化反应是生物柴油副产物——甘油其资源化领域最具应用前景的反应之一，其生成的主要产物 2，2-二甲基-1，3-二氧五环-4-甲醇（Solketal）可用燃料添加剂、溶剂、化学中间体等 [4]。该反应作为典型的酸催化反应，对催化剂中酸性位点的含量和酸强度的差异及变化表现灵敏 [5]。因此，若能将上一章中所提到的过渡金属与三价 B 协同作用制备的具有强 Lewis 酸中心的催化剂用于该反应，不仅可以促进生物柴油产业可持续发展，还有利于非金属催化剂的研究和开发。另外，通过甘油合成 Solketal 反应是一个可逆的放热反应，反应过程中生成的水对该反应的进程速率、结果及催化剂本身的酸活性位点会产生的不利影响，并最终使催化反应活性减弱性。因此，在具有非金属元素活性中心的材料中寻找具有合适酸度和耐水型的固体酸催化剂具有重要的意义。

因此，我们在这章里继续使用甘油缩丙酮反应作为评价体系，来考察 Fe 掺杂硼铝酸盐 PKU-1 催化材料，并使用形貌及表面修饰对其进行改性，同时上述手段对其酸性质、表面亲-疏水性及相关催化性能的影响及相关反应机理。

6.6.1 Fe-PKU-1 形貌调控及其对 Solketal 合成反应的影响研究

本小节中，我们采用水热合成法制备了一系列不同 Fe 掺杂量的硼铝酸盐固体酸催化剂，并通过改变水热合成条件来调控最终样品的结晶度。同时，优化了催化剂参与促进的甘油缩酮化反应的各项条件参数，并详细考察了上述催化剂其催化活性的变化规律，并结合多种表征手段对催化剂的组成、形貌结构以及表面性质进行了详细讨论，进一步分析了催化剂结构与其催化性能之间的关系，进而提出与催化剂相关的表界面反应机理。具体来说，18% Fe 晶格掺杂的 PKU-1 其表面的元素组成随着其合成条件及材料结晶度的变化而系统性变化，从而控制材料表面的酸性质以制得不同 Lewis 酸强度的催化材料，最终规律性地改变甘油缩丙酮反应的催化结果。

众所周知，固体的形貌、比表面积和晶相等物理化学性质可直接影响其催化性能 [1-3]。其中，催化剂的结晶度被报道能够对催化反应活性起到显著的调控作用 [4-5]。例如，通过在浓缩凝胶催化剂合成系统中使用 L-赖氨酸辅助法并进一步协同采取两步结晶历程最终获得的材料是具有纳米尺寸且分散性良好的沸石催化剂，并且其催化剂合成产率令人满意。通过上述过程获得的沸石材料可在甲醇制丙烯（methanol to propylene，简称 MTP）反应中表现出优异的催化性能。具体来说，上述材料具备优异的 54 小时的循环催化寿命，并且产物中总轻质烯烃选择性高达 74%。一般来说，改变合成材料的反应条件，如温度、压力及合成环境的酸度等性质，可以控制材料的生长成核历程及随后的晶体生长进而控制其最终结晶度。我们选择上一章节中催化活性最优的铁元素掺杂量为 18% 的催化剂——18%Fe-PKU-1 以研究其结晶度变化对甘油缩酮化反应的影响。具体来说，我们通过在 473 ~ 523 K 范围内改变其合成温度，并同时在 180-220 μL 的浓 HNO₃ 加入量范围内（换算为体系内氢离子浓度为 1.49×10^{-6} mol/L 至 1.79×10^{-6} mol/L）调节以改变其合成水热环境的酸性环境从而制备获得一系列不同结晶度的 Fe₀.₁₈-PKU-1 催化材料。随后，我们使用 X 射线粉末衍射仪对通过上述合成条件控制获得的一系列 18% Fe-PKU-1 催化剂进行了晶体学测试，以理解合成温度和合成环境的酸浓度对材料结晶质量和晶体结构的具体影响。其中，合成环境中的酸浓度对材料的结晶质量及晶体结构的影响如图 1 所示。从图中可以看出，尽管合成条件有所差异，但是 Fe-PKU-1 的整体骨架结构并没有发生变化。我们进一步使用 Le Bail 拟合及 Rietveld 精修，其具体结果如图 2-13 所示。进一步分析上述数据可以发现，18% Fe-PKU-1 材料的结晶质量通过合成条件的改变却发生了明显的变化。为了阅读方便，我们将在氢离子浓度为 1.64×10^{-6} mol/L、523K，1.64×10^{-6} mol/L、513K，1.64×10^{-6} mol/L、503K，1.79×10^{-6} mol/L、513K，1.60×10^{-6} mol/L、513K，1.49×10^{-6} mol/L、513K 这 6 个不同条件下合成的样品分别命名为 Fe-PKU-①，Fe-PKU-②，Fe-PKU-③，Fe-PKU-④，Fe-PKU-⑤ 及 Fe-PKU-⑥。

图 1 a) 改变催化剂合成温度及酸环境制备获得的一系列 18% Fe-PKU-1
样品的 XRD 图谱；b) 上述样品其（110）及（300）面的衍射图；

c) 上述样品（110）面与 18% Fe-PKU-1 的比值及它们的半峰宽数值；

d) – f) 图为不同结晶质量的 18% Fe-PKU-1 的样品，即 Fe-PKU-①、

Fe-PKU-③和 Fe-PKU-⑥样品的 SEM 图

图 2　Fe-PKU-①其粉末 XRD 的 Le-Bail 精修拟合图谱，
蓝色圆圈表示观察到的数据，红色实线是模拟计算出的图案；
灰色标记线是实际与预期之间的差异

图 3　Fe-PKU-②其粉末 XRD 的 Le-Bail 精修拟合图谱，其中点线解释同上

图 4　Fe-PKU-③其粉末 XRD 的 Le-Bail 精修拟合图谱。
内部小图的拟合范围从 18.5° 到 22.1°

图 5　Fe-PKU-④其粉末 XRD 的 Le-Bail 精修拟合图谱

图 6　Fe-PKU-⑤其粉末 XRD 的 Le-Bail 精修拟合图谱

图 7　Fe-PKU-⑥其粉末 XRD 的 Le-Bail 精修拟合图谱

图 8　Fe-PKU-①的 XRD 数据的 Rietveld 精化图；
蓝色圆圈〇表示观察到的数据，红色实线是计算出的图案；
下面的标记是预期的反射

图 9　Fe-PKU-②的 XRD 数据的 Rietveld 精修拟合图谱

图 10　Fe-PKU-③的 XRD 数据的 Rietveld 精修拟合图谱

图 11　Fe PKU-④的 XRD 数据的 Rietveld 精修拟合图谱

图 12　Fe PKU-⑤的 XRD 数据的 Rietveld 精修拟合图谱

图 13　Fe-PKU-⑥的 XRD 数据的 Rietveld 精修拟合图谱

　　当合成过程中的酸浓度保持在 1.64×10^{-6} mol/L 时，材料的结晶度最低时，材料在 503 K 的结晶质量与其在 513 K 和 523 K 合成的其他两种样品的结晶质量低（图 1b）。随着温度的升高，结晶质量呈线性上升趋势。随着温度的升高，结晶质量呈线性上升。关于酸的影响，当我们保持合成体系温度为 513 K 增加酸的浓度，即提升体系中的氢离子浓度从 1.49×10^{-6} mol/L 增加到 1.79×10^{-6} mol/L，Fe-PKU-1 的结晶质量随着酸浓度的变化而变化明显提升。同时。它们的比表面积也随着温度的变化而发生系统性变化

（图14）。上述结果表明，合成温度的升高和酸浓度的增加都能提高材料的结晶质量。一般来说，表面能较低的材料暴露面似乎比表面能较高的面生长得更快，因此会更易受到材料合成条件的影响，这会对最终的结晶质量造成重大[7]。而体系内酸环境对材料形貌调控的原因在于较高的酸浓度可能会通过调节反应体系的粘度来控制离子的溶解性和流动性，从而促进游离金属离子的形成，从而促进游离金属离子的形成，进而该表材料的最终结晶质量。有研究者也报道了类似的现象，如 Liu 及其合作者发现合成体系中 H^+ 浓度的不均衡性会相应导致 Y^{3+} 浓度的不可控，进而降低材料的成核率，最终改变 YBO_3 微囊的形成及材料形貌呈现[8]。

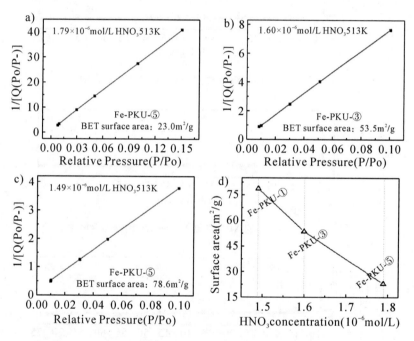

图14　不同酸浓度下合成的 Fe-PKU-1 样品的比表面积数据：

a）在 1.79×10^{-6} mol /L，b）1.60×10^{-6} mol/L 及 c）1.49×10^{-6} mol/L 氢离子浓度下获得 18% Fe-PKU-1 系列材料的比表面积数据。

d）不同结晶质量 18% Fe-PKU-1 材料的表面积与合成环境中氢离子浓度的数量关系。

此外，我们根据 XRD 分析并结合图谱中典型衍射峰其面积计算详细地比较了这些样品的结晶质量[9-11]，并分别按照计算结构从低到高依次命名为 Fe-PKU-①、Fe-PKU-②、Fe-PKU-③、Fe-PKU-④、Fe-PKU-⑤和 Fe-PKU-⑥的结晶质量从低到高的顺序，其结晶度的变化的形态如图 1d-f 所示。具体来说，Fe-PKU-① 显示出不规则的棒状形态。而随着结晶量的增加，该材料的形貌趋向于 结晶"完美 "的微米级棒状（Fe-PKU-③ 到 Fe-PKU-⑥）。

为了进一步了解 18 % Fe-PKU-1 的表面性质受其结晶质量改变的具体影响，我们选择 Fe-PKU-①、Fe-PKU-③ 和 Fe-PKU-⑤（图 15）这三个样品分别采用了角度分辨光电子能谱（AR-XPS）。本研究选择的转角为 20°，大约相当于催化剂表面的顶部 3-4 原子层厚度[12,13]。图 15a-d 显示了三种材料表面的 Al $2p$、Fe $2p$、B $1s$ 和 O $1s$ 状态。就 Al 而言，我们发现表面只存在 Al^{3+} 物种，其电子能级（Bonding Energy，B. E.）约处于 74.7 eV（图 2a）[14]。对于 Fe 物种，催化剂表面同时存在 Fe^{3+} $2p_{3/2}$（B. E. 为 711. 2 eV）和 Fe^{2+} $2p_{3/2}$（Bonding Energy，简称 B. E.，其数据为 714.6 eV），并且随着材料结晶质量的变化，没有观察到 Fe 物种电子能级的移动与变化[15]。而我们观察到 Fe $2p_{3/2}$卫星峰（B. E. 约为 720 eV）的存在，这说明铁与邻近元素之间的存在电荷转移[16-17]。在图 15c 中，Fe-PKU-1 中 B 物种的电子能级约在 192. 7 eV，这与 H_3BO_3 的电子能级非常吻合[18]。与铁物种随着材料结晶质量变化（Fe-PKU-① 到 Fe-PKU-③、Fe-PKU-⑤），B 的电子能级会从 192.6 eV 上升 192.9eV，又回到 192.7 eV。至于材料表面的氧物种，AR-XPS 测试结果表明三种类型的 O，即晶格氧（O_{Latt}，531. 3 eV）、其他表面氧化物（O_{ads}、532. 5 eV）和吸附水（O_{H2O}，533. 5 eV）均出现在材料表面[19]。总之，上述电子结构的分析结果表明，表面 B 的电子结构对结晶质量的敏感性高于 Fe-PKU-1 催化剂中的其他元素。

图 15　在 X 射线光电子能谱的转角度数为 20° 时，
收集的 a) Al 2*p*、b) Fe 2*p*、c) B 1*s* 和 d) O 1*s* 的详细电子能级图谱

　　表 1 展示了 Fe-PKU-1 的表面成分随结晶质量变化的数据情况。我们的结果表明（Al、Fe 和 B）都会随着材料结晶质量的改变而改变。具体来说。Al 物种的表面比例随着结晶质量的增加，会从 11.4% 降至 6.4 %（从 Fe-PKU-① 到 Fe-PKU-⑤）。与铝相比，铁和硼的表面比例随着催化剂结晶度的提高会呈现出不同的变化趋势。铁 Fe-PKU-⑤ 催化剂（在所测催化剂中结晶质量最高的样品）的表面 B 比例为 4.3 %；然而，B 和 Fe，该物种在 Fe-PKU-③ 和 Fe-PKU-① 的表面比例却分别为 22.1 % 和 14.0 %，呈倒火山型变化趋势。将 XPS 的转角分别增大到 40 和 90 度时我们发现，在所有样品中铝、铁和硼的成分分布均匀分布图 16）。此外，据报道铁和硼物种在一般催化剂中都可以充当酸活性位点。例如，有报道称硝酸铁作为一种均相路易斯酸催化剂，可在 30 分钟内将 98% 的甘油催化转化为甘油缩丙酮[20]。也有研究者得出类似的研究结果，例如在 HZSM-5 体系中进一步添加 Fe 路易斯酸中心[21]，可将该催化剂的催化活性提高近两倍。至于含硼材料，由于硼存在空置的 *p*-轨道，因此具有路易斯酸性，可高效促进各种反应，如区域选择性氢硫化、环氧化物的开环过程等历程[22-24]。具体来说，含硼的 Lewis 酸催化剂，如三（五氟苯基）硼烷（B（C_6F_5）$_3$）和三氟化硼乙醚（$BF_3 \cdot Et_2O$）都可以催化 1-芳基-1，3-二烯的区域选择性硫代氢化反应，可以用来进一步制备含仲烯基和叔烯基的硫化物。具体来说，该反应是通过加速质子化的 1，3-二烯与被活化的硫醇（其被含硼的 Lewis 酸活化）二者之间的反应来加速反应。其中，针对 1，3-二烯的内部基团的活化，B（C_6F_5）$_3$ 比 $BF_3 \cdot Et_2O$ 体现出更好的活性[23]。另外，催化剂的酸性质与其表面化学组成及其相关理化性质密切相关[25,26]。因此，通过改变 Fe-PKU-1 的表面组成，有望系统地调节其酸性质及其相应催化活性，这一

点将在稍后详细讨论。

表1 18% Fe-PKU-1 中表面元素的化学组成（XPS 数据的收集转角为 20°）

样品	原子比例（%）			
	Fe	Al	B	O
Fe-PKU-①	2.4	11.4	14.0	72.2
Fe-PKU-②	1.2	6.3	22.1	70.4
Fe-PKU-③	3.1	6.4	14.3	76.2

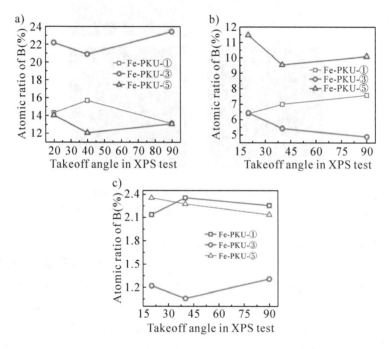

图16 通过 XPS 结果分析了具有不同结晶质量的 18% Fe-PKU-1 中的 B、Al 和 Fe 的表面组成，这些结果是在 X 射线光电子能谱的转角度数为 20°、40° 和 90° 下收集的

此外，在 Fe-PKU-③（图 15b）中也观察到了少量的 FeB_x 物种，这可以从 Fe 的高分辨率谱中电子能级处于 707.4 eV 处的峰值得到证明[27]。我们结合已有文献[6]及样品 TEM 的 EDS 图谱（图 17）也证实 FeB_x 物种的存在。然而，我们在同一样品中并没有观察到低价态硼（价态<3）物种的存在，这就说明材料表面的 B 原子应该连接一些含氧物种，如与表面氧成键。确实，我们从 XRD 图谱（图 4）上发现了 FeB_xO_y 的存在。此外，Fe-PKU-③其中 B 1s 轨道的电子能级（192.9 eV）也高于其他两个样品（Fe-PKU-

① 为 192.6 eV，Fe-PKU-⑤ 为 192.7 eV）。因此，上述结果说明 Fe-PKU-1 上 Fe-B 键的形成会促进 B 原子上电子的转移，从而提高其路易斯酸强度。所以，具有适当结晶质量（Fe-PKU-③）的掺铁氧化铝硼酸盐应该具有最高的催化性能。

图 17　a）Fe-PKU-③的透射电子显微成像；
b）Fe、c）B 的能谱图以及 d）这两种元素图谱的叠加展示

另外，有研究者报道在含硼-铁物种的纳米链材料中，上述键合可促进金属活性中心附近的电子密度重新排列，从而促进氧化还原反应的进行。例如，含纳米相硼的相铁纳米链（B-Fe NC）可作为催化剂高效催化电化学硝酸盐还原反应（nitorgen reduction reaction，简称 NRR），作者报道可通过调节催化剂中的 Fe/B 进而调整、优化材料整体的 NRR 催化性能。具体来说，活性电子能够从硼向金属转移，金属-金属键会被削弱，金属原子中心附近的电子密度也将重新排列，上述步骤是对 NO_3^- 转化为 N_2 这一历程有促进作用的[28]。此外，催化剂中交联良好的链状结构有利于电子传递，也能够增强活性位本身在催化剂上的暴露程度从而提高整体催化活性。也有研究者发现在镍铁合金催化剂中掺入硼，可促进硼与 Ni、Fe 这两种过渡金属之间的电荷转移，进而提高材料整体的电催化析氧反应（析氧反应（OER），简称 OER）性能[29-30]。此外，我们进一步使用电子自旋顺磁共振谱（Electron Paramagnetic Resonance，简称 EPR）对材料进行表征发现，在这些掺杂铁的 PKU-1 催化剂中其氧空位的含量随着材料结晶质量变化也呈现火山形的变化趋势，这也间接证明了材料表面铁-硼键的形成（见图 18

所示的 EPR 结果），进而促进硼原子上的电子流失。上述结果可能增强催化剂表面产生的酸性质，促进强酸性位点的出现，并最终提升其酸催化活性。

图 18　具有不同结晶质量的 18%Fe-PKU-1 样品的 EPR 测试结果

我们利用电位滴定法测量了这些不同结晶质量的 Fe-PKU-1 材料的表面酸性位点浓度及强度变化（表 2，图 19）。分析数据我们进一步发现，Fe-PKU-1的结晶质量与其表面酸性质之间存在火山性变化趋势。具体来说，与其他结晶质量的 Fe-PKU-1 样品相比，Fe-PKU-③ 表现出最高的酸性位点浓度（0.437 mmol/g）和最强的酸性强度（142.5 mV），Fe-PKU-①、Fe-PKU-④和FePKU-⑤的酸性位点浓度分别为 0.395、0.340 和 0.188 mmol/g，而其酸强度分别为 107.0、81.8 和 54.5 mV。这也就说明，18%Fe-PKU-1 结晶质量的提高可以提高催化剂整体的酸性位点浓度及相应强度。此外，我们进一步使用吡啶红外表征了上述样品的酸性，其分析和量化结果（表 2 和图 19 所示）表明，催化剂中的强路易斯（Lewis）酸位点的数量与上述电位滴定结果呈现出类似的变化趋势。因此，我们预计这一系列材料的催化活性也会呈现相应的火山型变化趋势。

图 19　a）采用正丁胺电位滴定法和
b）吡啶红外手段测定获得的不同结晶质量的
18%Fe-PKU-1 样品的数据结果其直观图标。

表 2　不同结晶质量 18%Fe-PKU-1 的酸性质数据

样品	不同酸性位点含量浓度[a]（mmol/g）			E_i（mV）	酸量[b]（mmol/g）
	强 Lewis 位点	弱 Lewis 位点	Brønsted 酸位点		
Fe-PKU-①	0.120	0.021	0.025	107.0	0.395
Fe-PKU-②	0.128	0.015	0.023	142.5	0.437
Fe-PKU-③	0.113	0.025	0.029	81.8	0.340
Fe-PKU-④	0.105	0.023	0.030	54.5	0.188

[a]通过吡啶-红外吸附测试分析了这些样品的 Lewis 和 Brønsted 酸性位点的浓度含量。[b]用电位滴定法测定了 18%Fe-PKU-1 不同结晶度样品的总酸量。

·　在催化甘油缩丙酮的反应体系中，不同结晶质量 18% Fe-PKU-1 材料催化甘油缩丙酮反应的选择性（Solketal 的选择性）变化不大（95 - 99%）

（图 20a 和表 3），这表明的材料表面的反应活性位点其性质并没有改变。然而，反应的转化率和 TOF 值都呈现出与 Fe-PKU-1 结晶质量息息相关的火山趋势（图 20a），这一趋势与催化剂酸性质的变化趋势相似，这说明催化剂结晶质量所致的酸性质对反应转化率和催化剂活性指数（turnover frequency，简称 TOF）数值的变化起着重要作用。其中，Fe-PKU-③表现出最高的催化活性最高（转化率为 97% 和 54.2 h^{-1} TOF），这可归因于其具有最高的表面硼含量和最强的酸性质。确实 Fe-PKU-③ 材料与同系列其他材料相比体现出更高的甘油缩酮化反应活性（表 4）。此外，Fe-PKU-③ 还显示出较高的回收稳定性（图 20b）。五次循环催化后，转化率仅下降 7.1%，Solketal 的选择性仅仅下降了 1.4%。该催化剂的优良结构稳定性，也可以通过 X 射线粉末衍射测试证实，相应的图谱在图 20b 中。综上所述，由于 Fe-PKU-③更强的催化活性、对目标产物 Solketal 的高选择性及本身的高循环催化稳定性，具有很高的工业应用潜力。

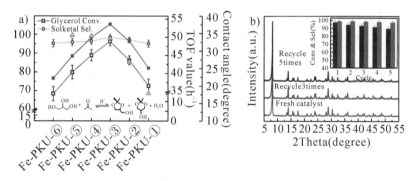

图 20 a) Fe-PKU-1 催化剂对酮化反应的催化性能。图中给出了反应转化率、溶剂缩酮选择性、TOF 值及其与水的接触角，该反应体系的碳平衡如表 3 所示。
b) 考察了 Fe-PKU-③在甘氨酸缩酮化反应中的可回收性，并对反应前后的粉末进行了 XRD 分析。反应条件：1 g 甘氨酸，5 g 丙酮，50 mg 催化剂，318 K，反应时间为 3 h。

表 4　Fe-PKU-③催化甘油缩酮化反应活性与先前报道的比较

催化剂	甘油转化率 （%）	甘油缩丙酮 （%）	表观 TOF[a] （h^{-1}）	本征 TOF[b] （h^{-1}）	参考文献
Hf-TUD-1	52	>99	320.0	–	[31]
V-MCM-41	~93	~95	0.18	–	[32]
VO$_x$NT	73	17	37.0	–	[33]

表4(续)

催化剂	甘油转化率 （%）	甘油缩丙酮 （%）	表观 TOF[a] （h^{-1}）	本征 TOF[b] （h^{-1}）	参考文献
ZrP−200	85.7	98.6	47.7	−	[34]
ZrMo−KIT−6	85.8	97.8	147.0	−	[35]
Mesoporous Ga−SiO$_2$	32.9	85.0	482.0	−	[36]
Fe−PKU−③	97	99	54.2	339.7	本工作

[a]通过表达式［转化底物］/｛［催化剂中酸性位点的摩尔］＊时间｝并根据 3 h（h^{-1}）时的反应数据计算表面 TOF。

[b] 根据下图 21 中绘制的方法计算初始 TOF。

图 21　本征 TOF 值的计算方法数据图

另外，有报道称材料表面的疏水性会影响甘油转化 Solketal 的反应效率，因此我们进一步使用水接触角测试来测量这些具有不同结晶质量 Fe−PKU−1 材料的表面亲水性［37］。数据证明（图 20a 和图 22 显示），Fe−PKU−①、Fe−PKU−②、Fe−PKU−③、Fe−PKU−④、Fe−PKU−⑤和 Fe−PKU−⑥对于水的吸附角分别为 17.92°，21.86°，33.88°，34.06°和 34.76°，这就说明 Fe−PKU−1 催化剂的表面疏水性随着结晶质量的降低而降低（Fe−PKU−⑥ 到 Fe−PKU−③），而从图 19 和表 20 则体现出材料其酸性质度和催化活性随结晶质量的变化则呈现相反的变化趋势。

图 22　具有不同结晶质量的 18%Fe-PKU-1 样品的接触角测量。

总之，通过调节 Fe 掺杂量为 18% 的 PKU-1 其合成环境中的 HNO_3 浓度和反应温度，可调节材料相应的一系列物理化学特性，如结晶质量、表面成分和酸性质。通过 AR-XPS 表征，Fe-PKU-1 催化剂的近表面化学成分和电子结构与其结晶质量密切相关，特别是表面硼成分与上述理化性质的变化息息相关，呈现火山型变化趋势。具体来说，Fe-PKU-③ 的表面硼成分比其他任何 Fe-PKU-1 材料都高出约两倍，其表面氧空位的浓度也呈现出类似的波动趋势，这会导致催化剂表面 Fe-B 物种的出现，从而促进了硼原子的电子损失，提高材料的酸强度，尤其是路易斯酸度。其催化甘油的缩酮化反应的结果也显示出类似的火山型趋势。总之，上述研究结果表明，材料合成过程的温度和酸浓度可改变结晶质量，进而可以控制 Fe-PKU-1 催化剂的表面化学性质，从而优化其催化甘油缩酮化反应的性能，最终在 3 小时内体现出 97% 的甘油转化率和 99% 的目标产物选择性。

6.6.2　Fe-PKU-1 表面碳修饰及其对材料整体催化性能的影响

分别以 Al $(NO_3)_3$-$9H_2O$（合成所得材料命名为 XFe-PKU-1，X 为 Fe 掺杂量，分别为 4，15，18，25 及 30%）和 γ-Al_2O_3（由于其具有纳米级尺寸形貌，所以合成所得材料命名为 XFe-Nano-PKU-1，X 分别为 4，15，18，25 及 30%），通过硼酸通量法合成了不同含铁量的 PKU-1 催化剂 [1，2]。为了确定它们的晶体结构是否受到这两种铝原料的影响，我们对上述材料进行了系统 X 射线粉末衍射表征。图 1a 和 1b 显示，当铁负载从 0% 增加到 30% 时，PKU-1 和 Nano-Fe-PKU-1 样品的晶体结构没有明显变化。我们也使用 Le Bail 拟合进一步估算它们的晶体学数据参数（图 1c）。结果表明，当铁的负载量从 0% 增加到 8% 时，它们的细胞体积同样呈线性增加。而当铁掺杂大于 18% 原子量时，Fe-PKU-1 材料的电池体积略高于 Nano-Fe-PKU-1 材料。这表明，Fe-PKU-1 和 Nano-Fe-PKU-1 材料在较低的铁负荷（≤18% 原子）下表现出参数一致性。此外，与 XFe-PKU-1 材料相比，Nano-XFe-PKU-1 样品的半最大全宽（full width at half maximum，简称 FWHM）值较高，表明其结晶性较差（图 1d）。这可能是由于 Fe-PKU-1 合成过程中的游离离子浓度比 Nano-Fe-PKU-1 高。这种离子浓度的差异被认为有利于游离金属离子的形成，从而提高其溶解度和流动性，有助于最终的结晶度 [3]。这种对材料结晶度的调节也会对 Fe-PKU-1 催化剂的形态产生影响。扫描电镜图像（见图 1c）显示，Nano-18%Fe-PKU-1 具有纳米型形态，而 18% Fe-PKU-1 则由微晶组成。

图 1 a）18% Fe-PKU-1 和 b）不同铁负载量的纳米 18% Fe-PKU-1 的
X 射线粉末衍射图谱；c）不同 Al 合成原料获得的 Fe-PKU-1 其晶体学参数数据图，
小图为 18%Fe-PKU-1 和 Nano-18%Fe-PKU-1 的 SEM 图像。
d）18%Fe-PKU-1 和 Nano-18%Fe-PKU-1 本峰宽数据

为了进一步改善 18%Fe-PKU-1 表面的疏亲水平衡，在其合成过程中加入了溴化十六烷基三甲铵（Cetyltrimethyl Ammonium Bromide，简称 C），得到的材料被命名为 YCTAB@Nano-18%Fe-PKU-1（Y 指催化剂合成过程中溴化十六烷基三甲铵的添加毫克数）。结果表明，添加溴化十六烷基三甲铵不会影响 PKU-1 的结晶结构（图 1b）。然而，与 Nano-18%Fe-PKU-1 相比，40C@ Nano-18%Fe-PKU-1 的表面形态则变成褶皱状（图 2c）。然而，通过 XRD 精炼发现了少量的 $C_{72}B_6O_{12}$ 和 $C_6Fe_6O_{18}$ 杂质（图 2a）。细化结果还表明，当溴化十六烷基三甲铵负载从 20 毫克增加到 80 毫克时，这些杂质的含量略有增加（图 2a 和表 1）。这表明碳元素会与位于 Nano-18%Fe-PKU-1 外表面的 Fe 原子和 B 原子结合，而不是在其骨架结构内。然而，这种化学键可能会导致 Fe 原子和 B 原子中毒，由于路易斯酸度降低，限制了它们活性丙酮的能力 [2, 4, 5]。

图 2　a）经过不同质量溴化十六烷基三甲铵改性 18% Fe-PKU-1 的 XRD 图谱；b）18% Fe-PKU-1，Nano-18%Fe-PKU-1 的 FT-IR 光谱，20C@ Nano-18%Fe-PKU-1 和，40C@ Nano-18%Fe-PKU-1 和，60C@ Nano-18%Fe-PKU-1 和，80C@ Nano-18%Fe-PKU-1.

c）SEM 图像 4C@ Nano-18%Fe-PKU-1；该样品的 TEM 图像为插图。

d）正丁胺电位滴定法测定不同 CTAB 负载量的 18% Fe-PKU-1 和 Nano-18%Fe-PKU-1，分析结果见插入图.

表1 Nano-18%Fe-PKU-1、20C@Nano-18%Fe-PKU-1、40C@Nano-18%Fe-PKU-1、60C@Nano-18%Fe-PKU-1、80C@Nano-18%Fe-PKU-1 样品的 XRD 精修结果

样品	下述物相在不同样品中的占比（%）		含铁 PKU-1 材料的晶体学参数 Cell volume（Å^3）
	PKU-1	C$_{72}$B$_6$O$_{12}$+C$_6$Fe$_6$O$_{18}$	
Nano-18%Fe-PKU-1	100.0	0.0	3018.2179
20C@Nano-18%Fe-PKU-1	85.0	15.0	3019.0278
40C@Nano-18%Fe-PKU-1	83.0	17.0	3019.0876
60C@Nano-18%Fe-PKU-1	77.0	23.0	3018.8930
80C@Nano-18%Fe-PKU-1	74.0	26.0	3019.0122

　　红外测试结果表明，18%Fe-PKU-1、Nano-18%Fe-PKU-1、20C@Nano-18%Fe-PKU-1、40C@Nano-18%Fe-PKU-1、60C@Nano-18%Fe-PKU-1 和 80C@Nano-18%Fe-PKU-1 显示出相似的光谱（图2b）。它们都在 1626 和 2750-3700 cm^{-1} 处显示出与羟基伸缩振动有关的吸收带[6]。位于 586 和 624 cm^{-1} 附近的特征可确定为 Al-O 的振动运动[5]。出现在 490、713、893、948 和 1340 cm^{-1} 附近的峰归因于 PKU-1 框架中的[BO3]官能团[6]。这再次证实了溴化十六烷基三甲铵改性不会影响掺铁 PKU-1 的主体结构，溴化十六烷基三甲铵产生的表面物种位于 Nano-18%Fe-PKU-1 的外表面。此外，YC@Nano-18%Fe-PKU-1 样品还出现了新的峰值，即属于 N-H 弯曲振动的峰值（1125 cm-1），以及在 2239、2380、2511 和 2647 cm-1 处的窄峰值，这些峰值归因于 C-H、C-C 和 C=O 伸展。这表明溴化十六烷基三甲铵在水热合成过程中发生了氧化和破碎过程，从而在 Nano-18%Fe-PKU-1 的外表面形成了短链碳水化合物。这些低重量有机物被认为可以对固体催化剂进行表面操作，进一步调节其疏水-亲水特性。例如，通过溴化十六烷基三甲铵改性，天然沸石的表面疏水性得到了显著改善，其外部阳离子交换容量提高到了 0.11 meq/g[7]。由于溴化十六烷基三甲铵修饰产生的高疏水性，疏水性 MCM-41 对双酚 A 的最大吸附容量高达 416.7 mg/g[8]。此外，与母体材料相比，YC@Nano-18%Fe-PKU-1 的光谱中与羟基有关的波段（2750-3700 cm^{-1}）更窄、更高，而与羟基有关的波段（来自 H$_2$O，1626 cm^{-1}）则不存在。这证明溴化十六烷基三甲铵改性可以增强 18%Fe-PKU-1 的疏水性。水接触角（Water contact angles，简称 WCAs）测试结果表明，这些材料的疏水性和亲水性达到了平衡，并依次为 80C@Nano-18%Fe-PKU-1（75.6°）> 6C@Nano-18%Fe-PKU-1（75.6°）> 60C

@Nano-18%Fe-PKU-1（75.6°）>60C@Nano-18%Fe-PKU-1（68.4°）>40C@Nano-18%Fe-PKU-1（56.0°）>20C@Nano-18%Fe-PKU-1（52.3°）>Nano-18%Fe-PKU-1（30.0°）（见图5a）。因此，溴化十六烷基三甲铵改性可改善 Nano-18%Fe-PKU-1 的疏水性，这也被认为是催化剂高效促进 甘油缩丙酮反应历程的原因之一［9］。

为了揭示这些材料近表层的元素组成和电子结构，对 18%Fe-PKU-1、Nano-18%Fe-PKU-1 和 40C@Nano-18%Fe-PKU-1 进行了 XPS 测量。图 3a 显示了这些材料的 XPS 监测光谱，它清楚地表明了 Al、B、Fe、O 和 C 的存在。C 1s 峰（284.8 eV）的存在源于溴化十六烷基三甲铵的分解。图 3b-3f 分别显示了 XPS 结果中 Al 2p、Fe 2p、B 1s、O 1s 和 C 1s 的细节区域。对于 Al，我们发现表面存在 Al^{3+} 物种（约 74.5 eV）（图 3b）［12］。对于 Fe 物种（图 3c），结果显示 Fe^{3+} 2$p_{3/2}$（约 712.6 eV）物种存在于 18%Fe-PKU-1 和 Nano-18%Fe-PKU-1 的表面［10］。同时，在 40C@Nano-18%Fe-PKU-1 材料上发现了 Fe^{3+} 2$p3/2$（711.8 eV）和 Fe^{2+} 2$p3/2$（713.8 eV）［11］。含有亚铁物种的样品的酸性预计低于只有 Fe^{3+} 物种的 Nano-18%Fe-PKU-1［12］。在图 3d 中，约 192.5 eV 的键合能（Bonding Energy, 简称 B.E.）与 H_3BO_3 的键合能（B.E.）非常吻合［13］。随着 Fe-PKU-1 结晶质量的降低（从 18%Fe-PKU-1 到 Nano-18%Fe-PKU-1），该峰值从 192.6 eV 移至 192.7 eV。然后，当将溴化十六烷基三甲铵添加入 18%Fe-PKU-1 合成过程中（40C@Nano-18%Fe-PKU-1）时，该峰值再次移动到 192.9 eV。这三种催化剂的表面都存在相同类型的 O 物种，包括晶格氧（O_{Latt}，531.3 eV）、表面化学吸附的羟基或其他表面氧化物（O_{ads}，532.5 eV）以及吸附水（O_{H2O}，533.5 eV）［17］。如图 3f 所示，在 18%Fe-PKU-1 和 Nano-18%Fe-PKU-1 的表层可以看到 C-C（284.6 eV）和 C-O-C（286.2 eV）基团的有机物种，而在 40C@Nano-18%Fe-PKU-1 中也观察到了 C=O（286.2 eV）基团［14］。这表明该材料外表面的碳物种应该是由溴化十六烷基三甲铵改性产生的。此外，Fe-PKU-1 的尺寸调节和溴化十六烷基三甲铵负载都会促进材料中铁、铝和硼原子之间的电子相互作用，从而进一步调节表面的酸碱特性。

图3　a) 18% Fe-PKU-1、Nano-18% Fe-PKU-1 和
40C@ Nano-18%Fe-PKU-1 的 XPS 全谱.
b) Al 2p, c) Fe 2p, d) b 1s, e) O 1s 和 f) C 1s 的精细结构电子能谱

利用电位滴定法测量了 18% Fe-PKU-1、Nano-18% Fe-PKU-1 和 YC @ Nano-18%Fe-PKU-1 样品的酸性位点数量和强度。根据电位滴定法计算了这些材料的酸性位点总量和 E_i 值（与酸性位点的强度相对应）（图5a）。结果（图5a 及图2d 中的插入表）表明，随着 18% Fe-PKU-1 的形态从微米尺度转变为纳米尺度，这些样品的酸性位点数量和强度都在增加。这可能归因于材料中铁、铝和硼原子之间的电子相互作用，XPS 分析也证实了这一点。相反，添加溴化十六烷基三甲铵会降低 Nano-18%Fe-PKU-1 的酸

性。定量分析显示，20C@ Nano-18%Fe-PKU-1、40C@ Nano-18%Fe-PKU-1、60C@ Nano-18%Fe-PKU-1 和 80C@ Nano-18%Fe-PKU-1 的酸性位点分别为 0.264、0.252、0.216 和 0.185 mmol/g。随着溴化十六烷基三甲铵负载从 20 毫克增加到 80 毫克，酸强度也出现下降，即 E_i 值从 125.2 毫伏下降到 14.9 毫伏，也就是说表面酸位点的强度从强酸变至弱酸。这可能是由于碳物种与材料表面的路易斯酸位点（即铁原子和硼原子）之间的化学键合导致了催化剂毒化 [2, 4]。因此，18% Fe-PKU-1 的尺寸减小有利于增强其酸性质，而进行溴化十六烷基三甲铵改性似乎会降低表面酸度。同时，我们的结果证实 Fe-PKU-1 的上述两种不同性质的变化都改善了其表面疏水性。

因此，我们提出了 YC@ Nano-18%Fe-PKU-1 样品制备过程可能机制。如图 4 所示，在水热一步法的合成过程中，r-Al$_2$O$_3$ 直接与 H$_3$BO$_3$ 反应形成纳米棒（Nano-Fe-PKU-1），随后被 CTAB 断裂形成的短链碳覆盖。这种覆盖在纳米相的 Fe-PKU-1 碳膜可能导致催化剂表面的疏水性增强，从而提升材料对甘油缩丙酮反应的整体催化性能。

图 4 C@ Nano-18%Fe-PKU-1 水热合成中的生长过程示意图

我们也测定了 18%Fe-PKU-1、Nano-18%Fe-PKU-1 和 YC@ Nano-18%Fe-PKU-1 这三个催化剂对甘油缩丙酮反应的活性。这些催化反应均在丙酮与甘油的摩尔比为 3.5:1、搅拌速度为 300 r/min 的条件下进行。如图 5a 所示，与 Fe-PKU-1 相比，Nano-18%Fe-PKU-1 具有更高的活性，即 68.3% 的转化率和 97.2% 的目标产物选择性。这就证实了纳米-18%Fe-PKU-1 比 18%Fe-PKU-1 具有更高的疏水性和酸性。而在 YC@ Nano-18%Fe-PKU-1 材料的催化下，性能进一步提高；但是，甘油的转化率却随着材料合成中溴化十六烷基三甲铵含量的变化而呈现出火山趋势。这种趋势既不同于表面疏水性的变化也不同于材料酸性质的变化，这就表明 Fe-PKU-1 对甘油缩丙酮反应的催化作用是这两种表面性质调节协同作用的结果。其中，40C@ Nano-18%Fe-PKU-1 表现出最高的催化活性，即 97.2% 的甘油转化率和 98.1% 的目标产物选择性。然而，当溴化十六烷基三甲铵的用量超过 40 毫克时，甘油转化率下降。因此，由溴化十六烷基三甲铵分解产生的碳物种可能会吸附在催化剂表面的活性位点上，导致该催化剂的催化活性降低。总之，Fe-PKU-1 的催化性能可以通过减小尺寸和溴化十六烷基三甲铵表面修饰得到改善，而过量添加溴化十六烷基三甲铵会导致催化剂活性下降。此外，我们还选取了 40C@ Nano-18% Fe-PKU-1 来测试其循环回收活性。经过 5 次循环反应后，该样品的 XRD 图谱与新鲜合成样品的 XRD 图谱几乎一致（图 5b）。经过 5 次循环测试后，其活性仅降低了 14.9 %。这些都证明了 40C@ Nano-18%Fe-PKU-1 在甘油缩酮化反应过程中具有出色的结构稳定性。

图 5　18Fe-PKU、Nano-18Fe-PKU 和 *Y*C@ Nano-18Fe-PKU-1
催化剂对酮化反应的影响。三种催化剂的表面酸性和对水的吸附角均
以不同 Y 轴的形式出现在该图中 a）；可回收性 40C@ Nano-18Fe-PKU-1
催化甘油缩酮化反应五次循环反应前后的 XRD 图谱及反应结果。
反应条件：甘油 1.0 g，丙酮 2.2 g，催化剂 50.0 mg，温度 318 K，反应 3 h.

　　我们还改变了操作参数，即反应温度、时间、丙酮/甘氨酸的摩尔比和催化剂重量，以研究这四种因素对于当前反应体系活性的影响。图 6a 显示了加热温度对甘油缩酮化反应结果的影响。当温度从 298 K 升至 318 K 时，甘油的转化率从 约 50.0% 增至 约 70.0%，而当系统处于较高温度环境（即 328 K 和 338 K）时，催化剂活性略有下降，这种趋势与甘油缩酮反应的放热性质相照应 [4]，较为温和的加热温度（<318 K）有利于加速该反应进程。而针对丙酮/甘油摩尔比对于反应效果来说，丙酮含量的增加明显加快了 Solketal 的合成反应速率（图 5b）。而如果丙酮/甘油的摩尔比超过 3.5/1，则反应性能无法进一步提高。至于反应时间和催化剂添加重量，也

出现了类似的变化趋势，其二者的最佳参数分别为 3 小时和 50.0 毫克催化剂。

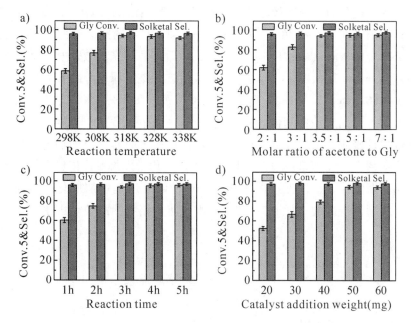

图 6　a）温度、b）丙酮与甘油摩尔比、c）反应时间和 d）催化剂投料重量变化对 60C@ Nano-18Fe-PKU-1 催化甘油缩丙酮反应的影响。反应条件：甘氨酸 1.0 g，丙酮 2.20 g，催化剂 50.0 mg，温度 318 K，反应 3 h。

　　缩小 Fe-PKU-1 的尺寸可以促进硼原子向邻近化学物质的电荷转移，并增加其表面酸性和疏水性质变化。溴化十六烷基三甲铵改性进一步促进了表面原子间的电子相互作用，并显著增强了催化剂表面的疏水性。然而，溴化十六烷基三甲铵改性未能够改善 Fe-PKU-1 的表面酸度，催化剂的 E_i 值（酸强度）和酸性位点数量都有所下降。至于 YC@ Nano-18%Fe-PKU-1 的催化性能，在材料合成过程中，随着溴化十六烷基三甲铵含量的增加，其催化性能呈波动趋势。因此，溴化十六烷基三甲铵改性并不总是有助于提高 Nano-18%Fe-PKU-1 的催化活性，因为 C 分解产生的碳吸附会使活性位点中毒。

　　此外，X 射线粉末衍射和傅立叶变换红外光谱结果表明，溴化十六烷基三甲铵负载产生的碳物种吸附在催化剂外表面的铁和硼位点上。但过量的碳吸附会使 YC@ Nano-18%Fe-PKU-1 的酸性质降低。我们之前对 Fe-PKU-1 的研究表明，真正的催化位点为表面硼而不是铁掺杂物进而在催化甘油缩丙酮反应中发挥主导作用 [1]。具体来说，表面硼在铁负载的促进下，作为路易斯酸位点活化丙酮，从而促进了甘油缩酮化过程。因此，表面硼上的碳吸附应该是影响 Fe-PKU-1 其表面酸性和相关催化效率的主要因素。

基于上述分析，我们提出了以下反应机理（如图 7 所示）。当反应物扩散到催化剂表面时，40C@ Nano-18%Fe-PKU-1 中的路易斯酸位点会激活丙酮分子中的羰基（step 1）［15，16］，然后进一步亲核攻击甘油分子中的伯醇基团（step 2）［17］。与此同时，通过连接该三原子醇的 β 碳原子形成反应中间体（step 3）［18］。随后，40C@ Nano-18%Fe-PKU-1 表面上的疏水性碳原子会促进该中间体的脱水（step 4 + step 5）［18］。随后，目标产物从催化剂表面脱附（步骤 6）。上述两种材料表面修饰协同加速了酮化反应。换句话说，在 Nano-Fe-PKU-1 上添加溴化十六烷基三甲铵可增强表面硼的路易斯酸性，从而促进丙酮活化。这种修饰还能增加催化剂表面的疏水性，从而促进丙酮-甘油加合物的脱水，防止路易斯酸位点因水分子的吸附而失活。

图 7　YC@ Nano-18%Fe-PKU-1 催化甘油缩丙酮反应的机理图

表 2 总结近期文献中报道的催化机理相似的催化剂其性能。与这些催化体系相比，40C@ Nano-18%Fe-PKU-1 的催化性能更好，丙酮消耗量更低。表中其他催化体系也显示出较强的活性，但需要过量的丙酮或其他溶剂，如 1，4- 二氧六环和醇类，以消除两种反应物之间不相溶所造成的传质限制［19］。据报道，与催化剂和溶剂成本等其他变量相比，甘油与丙酮这两

种原料化学品对甘油缩丙酮的最终市场价格影响更大［20］。鉴于 40C@ Nano-18%Fe-PKU-1 的出色催化性能（97.2% 的甘油转化率和 98.1% 甘油缩丙酮选择性）、可回收性，特别是反应体系对丙酮的需求量低，进而在工业生产中具有巨大的应用潜力。

表2　40C@ Nano-18Fe-PKU-1 催化甘油缩酮化
反应性能与文献中报道的催化剂活性对比

催化剂	Mole$_{甘油}$/Mole$_{丙酮}$	甘油转化率（%）	甘油缩丙酮选择性（%）	表观TOF^a（h^{-1}）	本征TOF^b（h^{-1}）	参考文献
Hf-TUD-1	1：2 dissolved in 1.4-dioxane	62	>99	320.0	---	［56］
V-MCM-41	1：6.5	~93	~95	10.2	---	［57］
ZrP-200	1：10	85.7	98.6	47.7	---	［58］
mesoporous Ga-SiO2	1：4	32.9	85.0	482.0	---	［59］
Reusable graphene	1：4	69.2	89.3	1735	---	［1］
40C@ Nano-18%Fe-PKU-1	1：3.5	97.2	98.0	61.3	372.7	This work

^{a}通过表达式［转化底物］／｛［催化剂中酸性位点的摩尔］＊时间｝并根据反应时间（h^{-1}）的反应数据计算表面翻转频率（TOF）

^{b}初始 TOF 计算为 $\Delta N_{(甘油)}/N_{(酸性位点)}$。计算方法如下图 8 所示.

图 8　本征 TOF 值的计算方法图示

为了进一步确定 40C@ Nano-18%Fe-PKU-1 在实际应用中的普适性，

我们还使用粗甘油作为反应原料进行进一步测试。在丙酮与甘油的摩尔比为 3.5/1 时，该催化剂显示出较高的缩酮化催化活性，与近年来发表的催化剂相比，其在粗甘油（84.7%）和甘油缩丙酮（97.1%）的转化率方面更胜一筹（表 3）。

表3　40C@ Nano-18%Fe-PKU-1 催化以粗甘油为原料的
甘油缩丙酮反应与文献中报道的催化剂活性比较

催化剂	Mole甘油/Mole丙酮	粗甘油转化率（%）	甘油缩丙酮选择性（%）	表观TOF[a]（h^{-1}）	参考文献
$AlF_3 \cdot 3H_2O$	1：60	78 随后降低	99	---	[61]
BEA zeolite	1：3 dissolved in CH_3OH	85 降低至 50	98	---	[62]
40C@ Nano-18%Fe-PKU-1	1：3.5	84.7	98	12.2	本工作

[a]通过表达式 [转化底物] / ｜[催化剂中酸性位点的摩尔] ＊时间｝并根据反应时间（h-1）的反应数据计算表面翻转频率（TOF）

据报道，粗甘油中的杂质（如 H_2O、矿物盐和有机非甘油物质）也会降低催化效率[18, 21]。为了进一步了解这些杂质对 40CTAB@ Nano-18% Fe-PKU-1 催化效率的影响，我们使用纯甘油与 H_2O、NaCl 和 CH_3OH 混合作为反应物混合物进行了系统实验。结果表明，加入 5 至 15 重量百分比（wt%）的 H_2O 后，甘油的转化率从 84.4% 降至 53.4%（图 8a）。之前也有报道称，类似的性能归因于反应位点上的水吸附[22]。相比之下，反应过程得益于 CH_3OH 的加入（见图 6b）。这是由于丙酮和甘油在这种有机试剂中的高溶解度消除了二者间的传质限制[9]。至于 NaCl 的加入，如果纯甘油中该无机盐的重量百分比从 2% 增加到 8%，则甘油的转化率会略微下降 12.6%。总之，与 NaCl 和 CH_3OH 相比，H_2O 对反应性能的影响更大。据报道，Solketal 在富水环境中会受到破坏[23]。此外，水吸附在酸性位点上也会导致催化剂失活[24, 25]。因此根据上述实验结果，有必要对粗甘油进行完全脱水，以确保其有效转化为 Solketal。

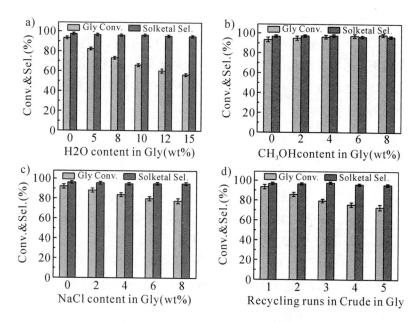

图8 甘油中 a) H_2O，b) CH_3OH 和 c) NaCl 含量对催化反应结果的影响；

d) 40CTAB@ Nano-18Fe-PKU-1 对以粗甘油为原料催化

甘油缩丙酮反应的循环回收活性。

反应条件：粗甘油 1.0g，丙酮 2.2g，催化剂 50.0mg，318K，反应 3h。

小结

总之，本研究表明，催化剂 Fe-PKU-1 的尺寸减小可促进硼原子向邻近化学物质的电荷转移，并增加其表面酸性和疏水性。溴化十六烷基三甲铵负载进一步加速了表面原子间的电子相互作用，大大增强了表面疏水性。C@ Nano-18%Fe-PKU-1 材料本身的酸性质变化和表面亲-疏水性质的平衡协同促进了其对甘油缩丙酮反应的催化活性，使转化率从 57.3% 提高到97.2%。然而，过量的溴化十六烷基三甲铵加载（材料合成过程中添加量大于 40 毫克）则会导致催化剂中毒，从而降低甘油的转化率。这是因为 Fe-PKU-1 的表面硼会与溴化十六烷基三甲铵分解产生的含碳小分子有机物之间存在化学键。在以纯甘油合成甘油缩丙酮为检测的反应体系中，40C@ Nano-18%Fe-PKU-1 催化剂表现出最佳的催化性能（3 小时反应后，转化率为 97.2%，选择性为 98.1%）。此外，该材料还能有效促进粗甘油的缩酮化反应，其中，三小时内甘油转化率达到 84.7%。此外，以该材料为催化体系的反应系统对丙酮的需求量较低，其摩尔比为 3.5：1（丙酮与乙二醇），这使得它在商业上更加可行，因为丙酮的成本较高且供应有限。所有结果都表明，形态改变和表面疏水性-亲水性平衡对催化剂活性提高具有协同作用。总之，该催化系统为提高含路易斯酸的多相催化剂研发提供了一个新的视角。

参考文献

［1］MAZZA D, VALLINO M, BUSCA G, et al. Mullite-type structures in the systems $Al_2O_3-Me_2O$ (Me = Na, K) and $Al_2O_3-B_2O_3$ ［J］. Journal of American Caramic Society, 1992, 75：929-934.

［2］ARMBRUSTER T, PERETTI A, RODELLAS C, et al. The crystal structure of painite CaZrB ［Al_9O_{18}］ revisited ［J］. American Mineralogist, 2004, 89（4）：610-613.

［3］YU J, XU R, CHEN J, et al. On the crystallisation and nature of the microporous boron-aluminium oxo chloride BAC（10）［J］. Journal of Nateriols Chemistry, 1996, 6（3）：465-8.

［4］WANG J, FENG S, XU R, et al. Synthesis and characterization of a novel microporous alumino-borate ［J］. Journal of the Chemical Society, Chemical Communications, 1989, 5：265-6.

［5］JU J, LIN J, LI G, et al. Aluminoborate-based molecular sieves with 18-octahedral-atom tunnels ［J］. Angewandte Chemie International Edition, 2003, 42（45）：10.

［6］YANG T, BARTOSZEWICZ A, JU J, et al. Microporous aluminoborates with large channels：structural and catalytic properties ［J］. Angewandte Chemie International Edition, 2011, 50（52）：8.

［7］YANG T, BARTOSZEWICZ A, JU J, et al. Microporous aluminoborates with large channels：structural and catalytic properties ［J］. Angewandte Chemie International Edition, 2011, 50（52）：555-558.

［8］JU J, YANG T, LI G B, et al. PKU-5：an aluminoborate with novel octahedral framework topology ［J］. Chemistry-A European Journal, 2004, 10（16）：6.

［9］YANG T, JU J, LI G B, et al. Square-pyramidal/triangular framework oxide：synthesis and structure of PKU-6 ［J］. Inorganic Chemistry,

2007, 46（12）: 4.

［10］GAO W L , WANG Y, LI G, et al. Synthesis and structure of an aluminum borate chloride consisting of 12-membered borate rings and aluminate clusters［J］. Inorganic Chemistry, 2008, 47（16）: 2.

［11］Li Q, LIN C, ZHOU Z, et al. Systematic study of Cr^{3+} substitution into octahedra-based microporous aluminoborates［J］. Inorganic Chemistry, 2014, 53（11）: 8.

［12］SHOME S, TALUKDAR A D, CHOUDHURY M D, et al. Curcumin as potential therapeutic natural product: a nanobiotechnological perspective［J］. Journal of Pharmacy and Pharmacology, 2016, 68（12）: 481-500.

［13］SHELDON R S, KOSHMAN M L, MURPHY W F. Electroencephalographic findings duringpresyncope and syncope induced by tilt table testing［J］. Canadian Journal of Cardiology, 1998: 14（6）: 811-816.

［14］MYERS A G, KUNG D W. A concise, stereocontrolled synthesis of （-）-saframycin a by the directed condensation of α-amino aldehyde precursors［J］. Journal of the American Chemical Society, 1999, 121（46）: 828-829.

［15］WANG J, LIU X, FENG X, et al. Asymmetric strecker reactions［J］. Chemical Reviews, 2011, 111（11）: 947-983.

［16］SHELDON R A, ARENDS I, HANEFELD U. Green chemistry and catalysis［M］. Wienheim, Germany: Wiley-VCH, 2001.

［17］DANIEL, REINARES-FISAC, MARIA, et al. Amesoporous indium metal-organic framework: remarkable advances in catalytic activity for strecker reaction of ketones［J］. Journal of the American Chemical Society, 2016, 138（29）: 89-92.

［18］AGUIRRE-DIAZ M, LINA, GANDARA, et al. Tunable catalytic activity of solid solution metal-organic frameworks in one-pot multicomponent reactions［J］. Journal of the American Chemical Society, 2015, 137（19）: 132-135.

［19］DENG D, GUO H, KANG G, et al. In situ generation of functionality in a reactive binicotinic-acid-based ligand for the design of multi-functional copper（II）complexes: syntheses, structures and properties［J］. CrystEngComm, 2015, 17（8）: 871-880.

［20］LIU Y, MO K, CUI Y. Porous and robust lanthanide metal-organoboron frameworks as water tolerant lewis acid catalysts［J］. Inorganic Chemistry, 2013, 52（18）: 286-291.

［21］XIA J, XU J, FAN Y, et al. Indium metal-organic frameworks as high-performance heterogeneous catalysts for the synthesis of amino acid derivatives ［J］. Inorganic Chemistry, 2014, 53 （19）: 24-26.

［22］CHOI J, YANG H Y, KIM H J, et al. Organometallic hollow spheres bearingbis （n-heterocyclic carbene） -palladium species: catalytic application in three - component strecker reactions ［J］. Angewandte Chemie International Edition, 2010, 49 （42）: 718-722.

［23］SEAYAD A M, RAMALINGAM B, CHAI C, et al. Self-supported chiral titanium cluster （SCTC） as a robust catalyst for the asymmetric cyanation of imines under batch and continuous flow at room temperature ［J］. Chemistry-A European Journal, 2012, 18 （18）: 693-700.

［24］GONELL S, POYATOS M, PERIS E . Main chain organometallicmicroporous polymers bearing triphenylene- tris （N- heterocyclic carbene） - gold species: catalytic properties ［J］. Chemistry - A European Journal, 2014, 20 （19）: 746-751.

［25］ESTEVES M A, GIGANTE B, SANTOS C, et al. New heterogeneous catalysts for the synthesis of chiral amino acids: functionalization of organic resins with chiralsalen complexes ［J］. Catal Today, 2013, 218: 65-69.

［26］SINGH A P, ALI A, GUPTA R, et al. Cobalt complexes as the building blocks: {Co^{3+}-Zn^{2+}} heterobimetallic networks and their properties ［J］. Dalton Trans, 2010, 39 （35）: 135-138.

［27］WILES C, WATTS P. Evaluation of the heterogeneously catalyzed strecker reaction conducted under continuous flow ［J］. European Journal of Organic Chemistry, 2008, 33: 597-613.

［28］RAJABI F, GHIASSIAN S, SAIDI M R. Efficient Co （II） heterogeneously catalysed synthesis of α-aminonitriles at room temperature via Strecker-type reactions ［J］. Green Chemistry, 2010, 12 （8）: 1349.

［29］RAJABI F, NOURIAN S, GHIASSIAN S, et al. Heterogeneously catalysed Strecker-type reactions using supported Co （II） catalysts: microwave vs. conventional heating ［J］. Green Chemistry, 2011, 13 （11）: 3282.

［30］KARMAKAR B, S A, PANDA A B, et al. Ga-TUD-1: a new heterogeneous mesoporous catalyst for the solventless expeditious synthesis of α-aminonitriles ［J］. Applied Catalysis A: General, 2011, 392 （1-2）: 111-117.

［31］SHAH A, KHAN N, SETHIA G, et al. In exchanged zeolite as catalyst for direct synthesis of α-amino nitriles under solvent-freeconditions [J]. Applied Catalysis A: General, 2012: 419-420.

[32] MALEKI A, AKHLAGHI E, PAYDAR, et al. Design, synthesis, characterization and catalytic performance of a new cellulose-based magnetic nano-composite in the one-pot three-component synthesis of α-amino nitriles [J]. Applied Organometallic Chemistry, 2016, 30 (6): 382-386.

[33] IWANAMI K, SEO H, CHOI J C, et al. Al-MCM-41 catalyzed three-component Strecker-type synthesis of α-amino nitriles [J]. Tetrahedron, 2010, 66 (10): 898-901.

[34] MOBARAKI A, MOVASSAGH B, KARIMI B. Magnetic solid sulfonic acid decorated with hydrophobic regulators: a combinatorial and magnetically separable catalyst for the synthesis of α-amino nitriles [J]. ACS Combinatorial Science, 2014, 16 (7): 352-358.

[35] DEKAMIN M G, MOKHTARI Z. Highly efficient and convenient Strecker reaction of carbonyl compounds and amines with TMSCN catalyzed by MCM-41 anchored sulfonic acid as a recoverable catalyst [J]. Tetrahedron, 2012, 68 (3): 922-930.

[36] PATHARE S P, AKAMANCHI K. Sulfated tungstate: a green catalyst for Strecker reaction [J]. Tetrahedron Letters, 2012, 53 (7): 871-875.

[37] KHALAFI-NEZHAD A, FOROUGHI H, PANAHI F. Silica boron sulfuric acid nanoparticles: as an efficient and reusable catalyst for the large-scale synthesis of α-amino nitriles using the strecker reaction [J]. Heteroatom Chemistry, 2013, 24 (1): 1-8.

[38] RAFIEE E, RASHIDZADEH S, EAVANI S, et al. KSF-supported-heteropoly acids catalyzed one-pot synthesis of α-amino nitriles [J]. Bulletin of the Chemical Society of Ethiopia, 2010, 24 (2).

[39] RAFIEE E, AZAD A. $K_5CoW_{12}O_{40} \times 3H_2O$: heterogeneous catalyst for the Strecker-type aminative cyanation of aldehydes and ketones [J]. Synthetic Communications, 2007, 37 (7): 127-132.

[40] RAFIEE E, RASHIDZADEH S, JOSHAGHANI M, et al. γ-Al_2O_3-supported 12-tungstosilicic acid as an efficient heterogeneous catalyst for the synthesis of α-amino nitrile [J]. Synthetic Communications, 2008, 38 (16): 741-747.

[41] DEKAMIN M G, AZIMOSHAN M, RAMEZANI L, et al. Chitosan: a

highly efficient renewable and recoverable bio-polymer catalyst for the expeditious synthesis of α-amino nitriles and imines under mild conditions [J]. Green Chemistry, 2013, 15 (3): 811.

[42] ZAHRA L, MOHAMMAD D, DAEMI G, et al. Alginic acid: a highly efficient renewable and heterogeneous biopolymeric catalyst for one-pot synthesis of the Hantzsch1, 4 - dihydropyridines [J]. RSC Advances, 2014, 4 (100): 658-664.

[43] WANG C, LIU M, NIU Y. Subtle side chain effect of methyl substituent on the self-assembly of polypseudorotaxane complexes: syntheses, structural diversity and photocatalytic properties [J]. Inorganica Chimica Acta, 2015, 429: 81-86.

[44] CHINTAREDDY V R, KANTAM M L. Recent developments on catalytic applications of nano-crystalline magnesium oxide [J]. Catalysis Surveys from Asia, 2011, 15 (2): 89-110.

[45] KANTAM M L, MAHENDAR K, SREEDHAR B, et al. Synthesis of α-amino nitriles through Strecker reaction of aldimines and ketoimines by using nanocrystalline magnesium oxide [J]. Tetrahedron, 2008, 64 (15): 351-360.

[46] SABERI D, CHERAGHI S, MAHDUDI S, et al. Dehydroascorbic acid (DHAA) capped magnetite nanoparticles as an efficient magnetic organocatalyst for the one-pot synthesis of α-amino nitriles and α-amino phosphonates [J]. Tetrahedron Letters, 2013. 54 (48): 403-406.

[47] COSTANTINI N V, BATES A D, HAUN G J, et al. Rutile promoted synthesis of sulfonylamidonitriles from simple aldehydes and sulfonamides [J]. ACS Sustainable Chemistry & Engineering, 2016, 4 (4): 906-911.

[48] WANG J, MASUI Y, ONAKA M, etal. Synthesis of α-amino nitriles from carbonyl compounds, amines, and trimethylsilyl cyanide: comparison between catalyst-free conditions and the presence of tin ion-exchanged montmorillonite [J]. European Journal of Organic Chemistry, 2010, 9: 763-771.

[49] MOJTAHEDI M M, ABAEE M S, ALISHIRI T. Superparamagnetic iron oxide as an efficient catalyst for the one-pot, solvent-free synthesis of α-amino nitriles [J]. Tetrahedron Letters, 2009, 50 (20): 322-325.

[50] SHIBASAKI M, KANAI M, FUNABASHI K. Recent progress in asymmetric two-center catalysis [J]. Chemical Communications, 2002, 18, 989-999.

［51］JHUNG S H, CHANG J S, HWANG Y K, et al. Isomorphous substitution of transition-metal ions in the nanoporous nickel phosphate VSB-5 ［J］. The Journal of Physical Chemistry B, 2005, 109 (2): 845-850.

［52］JU J, YANG T, LI G B, et al. PKU-5: analuminoborate with novel octahedral framework topology ［J］. Chemistry, 2004, 10 (16): 901-906.

［53］ARENDS I W C E, SHELDON P R A, WALLAU M, et al. Oxidative transformations of organic compounds mediated by redox molecular sieves ［J］. Angewandte Chemie International Edition in English, 1997, 36 (11): 144-163.

［54］ANGELICI C, VELTHOEN M E Z, WECKHUYSEN B M, et al. Influence of acid-base properties on the Lebedev ethanol-to-butadiene process catalyzed by SiO_2-MgO materials ［J］. Catalysis Science & Technology, 2015, 5 (5): 869-879.

［55］WANG J, LIU X H, FENG X M. Asymmetric strecker reactions ［J］. Chemical Reviews, 2011, 111 (11): 947-983.

［56］CHEN X, SHEN Y F, SUIB S L, et al. Characterization of manganese oxide octahedral molecular sieve (m-OMS-2) materials with different metalcation dopants ［J］. Chemistry of Materials, 2002, 14 (2): 940-8.

［57］HOU Y L, SUN R W Y, ZHOU X P, et al. A copper (I) /copper (II) -salen coordination polymer as a bimetallic catalyst for three-component Strecker reactions and degradation of organic dyes ［ J ］. Chemical Communications, 2014, 50 (18): 295-297.

［58］WANG Y, ZHANG Q H, SHISHIDO T, et al. Characterizations of iron-containing MCM-41 and its catalytic properties in epoxidation of styrene with hydrogen peroxide ［J］. Journal of Catalysis, 2002, 209 (1): 186-196.

［59］ZHANG Y, XU Y J. Identification of Bi_2WO_6 as a highly selective visible-light photocatalyst toward oxidation of glycerol to dihydroxyacetone in water ［J］. Chemical Science, 2013, 4: 820-824.

［60］YANG K C, ZHENG J H, CHEN Y L, et al. Carboxyfullerene decorated titanium dioxide nanomaterials for reactive oxygen species scavenging activities ［J］. RSC Advances, 2016, 6 (58): 25-33.

［61］RAZIQ F, QU Y, ZHANG X L, et al. Enhanced cocatalyst-free visible-light activities for photocatalytic fuel production of g-C_3N_4 by trapping holes and transferring electrons ［J］. The Journal of Physical Chemistry C, 2015, 120 (1): 98-107.

[62] HU J, MEN J, LIU Y Y, et al. One-pot synthesis of Ag-modified LaMnO₃-graphene hybrid photocatalysts and application in the photocatalytic discoloration of an azo-dye [J]. RSC Advances, 2015, 5 (67): 28-36.

[63] GOTO H, HANADA Y, OHON T, et al. Quantitative analysis of superoxide ion and hydrogen peroxide produced from molecular oxygen on photoirradiated TiO₂ particles [J]. Journal of Catalysis, 2004, 225 (1): 223-229.

[64] WANG Y, DENG K, ZHANG L. Visible light photocatalysis of BiOI and its photocatalytic activity enhancement by in situ ionic liquid modification [J]. The Journal of Physical Chemistry C, 2011, 115 (29): 300-308.

[65] GONG F, WANG L, LI D W, et al. An effective heterogeneous iron-based catalyst to activate peroxymonosulfate for organic contaminants removal [J]. Chemical Engineering Journal, 2015, 267: 102-110.

[66] SHA J, ZHENG E J, ZHOU W J, et al. Selective oxidation of fatty alcohol ethoxylates with H₂O₂ over Au catalysts for the synthesis of alkyl ether carboxylic acids in alkaline solution [J]. Journal of Catalysis, 2016, 337: 199-207.

[67] HWANG S, HULING S G, KO S. Fenton-like degradation of MTBE: effects of iron counter anion and radical scavengers [J]. Chemosphere, 2010, 78 (5): 563-568.

[68] CASTRO S, KHOUZANPI S, TUEL A, et al. Characterization of titanium silicalite using TS-1-modified carbon paste electrodes [J]. Journal of Electroanalytical Chemistry, 1993, 350: 15-28.

[69] CARTRO-MARTINS S, TUEL A, TAARIT Y B, et al. Cyclic voltammetric characterization of titanium silicalite TS-1 [J]. Zeolites, 1994, 14: 130-136.

[70] BARRET P A, SANKAR G, CATLOW C, et al. X-ray absorption spectroscopic study of brønsted, lewis, and redox centers in cobalt-substituted aluminum phosphate catalysts [J]. The Journal of Physical Chemistry, 1996, 100: 977-985.

[71] ARENDS W C E, SHELDON R A, WALLAU M, et al. Oxidative transformations of organic compounds mediated by redox molecular sieves [J]. Angewandte Chemie International Edition, 36 (1997): 144-163.

[72] SHOME S, TALUKDAR A D, M D CHOUDHURY, et al. Curcumin as potential therapeutic natural product: a nanobiotechnological perspective [J]. Journal of Pharmacy and Pharmacology, 2016, 68 (12): 481-500.

[73] SHELDON R A, KOCHI J K. Activation of molecular oxygen by metal

complexex ［M］. New York: Academic Press, 1981.

［74］ WANG Y J, WEN X, RONG C Y, et al. Weakly distorted 8-quinoli-nolato iron（Ⅲ）complexes as effective catalysts for oxygenation of organic compounds by hydrogen peroxide ［J］. Journal of Molecular Catalysis A: Chemical, 2016, 411: 103-109.

［75］ SONG F, LIU Y M, WU H, et al. A novel titanosilicate with MWW structure: highly effective liquid-phase ammoximation of cyclohexanone ［J］. Journal of Catalysis, 2006, 237（2）: 359-367.

［76］ DING J H, WU P. Selective synthesis of dimethyl ketone oxime through ammoximation over Ti-MOR catalyst ［J］. Applied Catalysis A: General, 2014, 488: 86-95.

［77］ BRULFERT F, AUPIAIS J. Topological speciation of actinide-transferrin complexes by capillary isoelectric focusing coupled with inductively coupled plasma mass spectrometry: evidence of the non-closure of the lobes ［J］. Dalton Trans, 2018, 47（30）: 9994-10001.

［78］ WANG G, WANG W, ZHANG F, et al. Octahedron-based gallium borates（Ga-PKU-1）with an open framework: acidity, catalytic dehydration and structure - activity relationship ［J］. Catalysis Science & Technology, 2016, 6（15）: 5992-6001.

［79］ AYDIN H, ELMUSA B. Fabrication and characterization of Al_2O_3-TiB_2 nanocomposite powder by mechanochemical processing ［J］. Journal of the Australian Ceramic Society, 2021, 57（3）: 731-741.

［80］ HABER J, SZYBALSKA U. Phosphates of group Ⅲ elements as models of acid - base catalysts ［J］. Faraday Discuss Chem Soc, 1981, 72（0）: 263-282.

［81］ HARRIS J W, ARVAY J, MITCHELL G, et al. Propylene oxide inhibits propylene epoxidation over Au/TS-1 ［J］. Journal of Catalysis, 2018, 365: 105-114.

［82］ FAN W, DUAN R G, YOKOI T, et al. Synthesis, crystallization mechanism, and catalytic properties of titanium-rich TS-1 free of extraframework titanium species ［J］. Journal of the American Chemical Society, 2008, 130（31）: 50-64.

［83］ LI J, ZHAO M, ZHANG M, et al. NOx reduction by CO over Fe/ZSM-5: a comparative study of different preparation techniques ［J］. International Journal of Chemical Reactor Engineering, 2020, 18 (2).

［84］BIESINGER M C, PAYNE B P, GROSVENOR A P, et al. Resolving surface chemical states in XPS analysis of first row transition metals, oxides and hydroxides: Cr, Mn, Fe, Co and Ni ［J］. Applied Surface Science, 2011, 257 (7): 17-30.

［85］CHENG G, LIU X, SONG X, et al. Visible-light-driven deep oxidation of NO over Fe doped TiO2 catalyst: synergic effect of Fe and oxygen vacancies ［J］. Applied Catalysis B: Environmental, 2020, 277.

［86］NANDA M R, ZHANG Y, YUAN Z, et al. Catalytic conversion of glycerol for sustainable production of solketal as a fuel additive: a review ［J］. Renewable and Sustainable Energy Reviews, 2016, 56: 22-31.

［87］MANJUNATHAN P, MARAKATTI V S, CHANDRA P, et al. Mesoporous tin oxide: an efficient catalyst with versatile applications in acid and oxidation catalysis ［J］. Catalysis Today, 2018, 309: 61-76.

［88］RAHAMAN M S, PHUNG T K, HOSSAIN M A, et al. Hydrophobic functionalization of HY zeolites for efficient conversion of glycerol to solketal ［J］. Applied Catalysis A: General, 2020, 592: 117369.

［89］HE Y, LAURSEN S. Trends in thesurface and catalytic chemistry of transition-metal ceramics in the deoxygenation of a woody biomass pyrolysis model compound ［J］. ACS Catalysis, 2017, 7 (5): 69-80.

［90］HE Y, SONG Y, LAURSEN S. Theorigin of the special surface and catalytic chemistry of Ga-rich Ni3Ga in the direct dehydrogenation of ethane ［J］. ACS Catalysis, 2019, 9 (11): 10464-10468.

［91］LI L, KORáNYI T I, SELS B F, et al. Highly-efficient conversion of glycerol to solketal over heterogeneous Lewis acid catalysts ［J］. Green Chemistry, 2012, 14 (6): 11-19.

［92］ABREU T H, MEYER C I, PADRó C, et al. Acidic V-MCM-41 catalysts for the liquid-phase ketalization of glycerol with acetone ［J］. Microporous and Mesoporous Materials, 2019, 273: 219-225.

［93］PINHEIRO A L G, DO CARMO J V C, CARVALHO D C, et al. Bio-additive fuels from glycerol acetalization over metals-containing vanadium oxide nanotubes (MeVOx-NT in which, Me = Ni, Co, or Pt) ［J］. Fuel Processing Technology, 2019, 184: 45-56.

［94］HE Y, SONG Y, CULLEN D A, et al. Selective andstable non-noblemetal intermetallic compound catalyst for the direct dehydrogenation of propane to propylene [J]. Journal of the American Chemical Society, 2018, 140 (43): 10-14.

[95] LIU Y, ZHANG W, WANG H. Synthesis and application of core - shell liquid metal particles: a perspective of surface engineering [J]. Materials Horizons, 2021, 8 (1): 56-77.

[96] XIONG H, LIN S, GOETZE J, et al. Thermally stable and regenerable platinum - tin clusters for propane dehydrogenation prepared by atom trapping on ceria [J]. Angewante Chemie International Edition, 2017, 129 (31): 14-19.

[97] TRINH Q T, BHOLA K, AMANIAMPONG P N, et al. Synergisticapplication of XPS and DFT to investigate metal oxide surface catalysis [J]. The Journal of Physical Chemistry C, 2018, 122 (39): 397-406.

[98] Li Z, Yan Q, Jiang Q, et al. Oxygen vacancy mediated $Cu_yCo_{3-y}Fe_1O_x$ mixed oxide as highly active and stable toluene oxidation catalyst by multiple phase interfaces formation and metal doping effect [J]. Applied Catalysis B: Environmental, 2020, 269: 118827.

[99] WU G, HEI F, GUAN N, et al. Oxidative dehydrogenation of propane with nitrous oxide over Fe - MFI prepared by ion-exchange: effect of acid post-treatments [J]. Catalysis Science & Technology, 2013, 3 (5): 33-42.

[100] YUAN Q, ZHANG Q, WANG Y. Direct conversion of methane to methyl acetate with nitrous oxide and carbon monoxide over heterogeneous catalysts containing both rhodium and iron phosphate [J]. Journal of Catalysis, 2005, 233 (1): 221-233.

[101] KUMAR M S, SCHWIDDER M, GRüNERT W, et al. On the nature of different iron sites and their catalytic role in Fe-ZSM-5 DeNOx catalysts: new insights by a combined EPR and UV/VIS spectroscopic approach [J]. Journal of Catalysis, 2004, 227 (2): 384-397.

[102] WANG J, XIA H, JU X, et al. Influence of extra-framework Al on the structure of the active iron sites in Fe/ZSM-35 [J]. Journal of Catalysis, 2013, 300: 251-259.

[103] SUN K, XIA H, FENG Z, et al. Active sites in Fe/ZSM-5 for nitrous oxide decomposition and benzene hydroxylation with nitrous oxide [J]. Journal of Catalysis, 2008, 254 (2): 383-396.

[104] POLY S S, JAMIL M A R, TOUCHY A S, et al. Acetalization of glycerol with ketones and aldehydes catalyzed by high silica Hβ zeolite [J]. Mo-

lecular Catalysis, 2019, 479: 110608.

[105] MOREIRA M N, FARIA R P V, RIBEIRO A M, et al. Solketalpro-
duction from glycerol ketalization with acetone: catalyst selection and thermody-
namic and kinetic reaction study [J]. Industrial & Engineering Chemistry Re-
search, 2019, 58 (38): 46-59.

[106] ZHU J, GAO F, DONG L, et al. Studies on surface structure of M_x
$O_y/MoO_3/CeO_2$ system (M=Ni, Cu, Fe) and its influence on SCR of NO by NH_3
[J]. Applied Catalysis B: Environmental, 2010, 95 (1-2): 144-152.

[107] WANG W, WANG Y, WU B, et al. Octahedra–based molecular
sieve aluminoborate (PKU-1) as solid acid for heterogeneously catalyzedstrecker
reaction [J]. Catalysis Communications, 2015, 58: 174-178.

[108] LOU S, JIA L, GUO X, et al. Synthesis of ethylene glycol monom-
ethyl ether monolaurate catalysed by KF/NaAlO2as a novel and efficient solid base
[J]. RSC Advances, 2016, 6 (9): 21-31.

[109] DE OLIVEIRA T K R, ROSSET M, PEREZ-LOPEZ O W. Ethanol
dehydration to diethyl ether over Cu-Fe/ZSM-5 catalysts [J]. Catalysis Commu-
nications, 2018, 104: 32-36.

[110] JU J, LIN J, LI G, et al. Aluminoborate–based molecular sieves
with 18–octahedral–atom tunnels [J]. Angewandte Chemie International Edition,
2003, 42 (45): 607-610.

[111] YANG T, BARTOSZEWICZ A, JU J, et al. Microporous aluminobo-
rates with large channels: structural and catalytic properties [J]. Angewandte
Chemie International Edition, 2011, 50 (52): 555-558.

[112] JU J, YANG T, LI G, et al. PKU-5: an aluminoborate with novel
octahedral framework topology [J]. Chemistry–A European Journal, 2004, 10
(16): 901-906.

[113] YANG T, JU J, LI G, et al. Square-pyramidal/triangular framework
oxide: synthesis and structure of PKU-6 [J]. Inorganic Chemistry, 2007, 46
(12): 772-774.

[114] GAO W, WANG Y, LI G, et al. Synthesis and structure of an alumi-
num borate chloride consisting of 12-membered borate rings and aluminateclusters
[J]. Inorganic Chemistry, 2008, 47 (16): 80-82.

[115] DAVIS M E. New vistas in zeolite and molecular sievecatalysis [J].
Accounts of Chemical Research, 1993, 26 (3): 111-115.

［116］SHELDON R A, CHEN J D, DAKKA J, et al. Redox molecular sieves as heterogeneous catalysts for liquid phaseoxidations ［J］. Studies in Surface Science and Catalysis, 1994, 82: 515-529.

［117］MCFARLAND E W, METIU H. Catalysis by dopedoxides ［J］. Chemical Reviews, 2013, 113 (6): 391-427.

［118］SINGH S B, TANDON P K. Catalysis: a brief review onnano-catalyst ［J］. Journal of Energy Chemistry, 2014, 2 (3): 106-115.

［119］POLSHETTIWAR V, VARMA R S. Green chemistry bynano-catalysis ［J］. Green Chemistry, 2010, 12 (5): 743-754.

［120］GARDY J, HASSANPOUR A, LAI X, et al. Biodiesel production from usedcooking oil using a novel surface functionalised TiO_2 nano-catalyst ［J］. Applied Catalysis B: Environmental, 2017, 207: 297-310.

［121］ESCALANTE D, GIRALDO L, PINTO M, et al. A study of the feasibility of incorporation of chromium into the molecular sieve framework: the transformation of 1-butene over Cr-silicoaluminophosphate molecular sieves ［J］. Journal of Catalysis, 1997, 169 (1): 176-187.

［122］GUO Z, LIU B, ZHANG Q, et al. Recent advances in heterogeneous selective oxidation catalysis for sustainablechemistry ［J］. Chemical Society Reviews, 2014, 43 (10): 3480-3524.

［123］SHOME S, TALUKDAR A D, CHOUDHURY M D, et al. Curcumin as potential therapeutic natural product: a nanobiotechnological perspective ［J］. Journal of Pharmacy and Pharmacology, 2016, 68 (12): 481-500.

［124］WU J, LIU X, TOLBERT S H. High-pressure stability in orderedmesoporous silicas: rigidity and elasticity through nanometer scale arches ［J］. The Journal of Physical Chemistry B, 2000, 104 (50): 837-841.

［125］SUBRAHMANYAM C, LOUIS B, RAINONE F, et al. Catalytic oxidation of toluene with molecular oxygen over Cr-substitutedmesoporous materials ［J］. Applied Catalysis A: General, 2003, 241 (1-2): 205-215.

［126］SCHMITT M K, JANKA O, NIEHAUS O, et al. Synthesis and characterization of the high-pressure nickel borate $\gamma-NiB_4O_7$ ［J］. Inorganic Chemistry, 2017, 56 (7): 217-228.

［127］SCHMITT M K, JANKA O, PÖTTGEN R, et al. Structure elucidation and characterization of the high-pressure nickel borate hydroxide NiB_3O_5 (OH)［J］. Zeitschrift Für Anorganische Und Allgemeine Chemie, 2017, 643 (21): 344-350.

［128］ROSS S D. Inorganic infrared and raman spectra ［J］. Journal of Molecular Structure, 197, 15（3）: 468-469.

［129］WEIR C E. Infrared spectra of the hydratedborates ［J］. Journal of Research of the National Bureau of Standards. Section A Physics and Chemistry, 1966, 70（2）: 153.

［130］WANG G, WANG W, ZHANG F, et al. Octahedron-based gallium borates（Ga-PKU-1）with an open framework: acidity, catalytic dehydration and structure-activity relationship ［J］. Catalysis Science & Technology, 2016, 6（15）: 59-60.

［131］VITZTHUM D, SCHAUPERL M, STRABLER C M, et al. Newhigh-pressure gallium borate $Ga_2B_3O_7$（OH）with photocatalytic activity ［J］. Inorganic Chemistry, 2016, 55（2）: 676-681.

［132］TROMBETTA M, STORARO L, LENARDA M, et al. Surface acidity modifications induced by thermal treatments and acid leaching on microcrystalline H-BEA zeolite. A FTIR, XRD and MAS-NMR study ［J］. Physical Chemistry Chemical Physics, 2000, 2（15）: 529-537.

［133］ROBERGE D M, HAUSMANN H, HÖLDERICH W F. Dealumination of zeolite beta by acid leaching: a new insight with two-dimensional multi-quantum and cross polarization 27Al MAS NMR ［J］. Physical Chemistry Chemical Physics, 2002, 4（13）: 128-135.

［134］BAUTISTA F M, CAMPELO J M, GARCIA A, et al. Structural and textural characterization of $AlPO_4-B_2O_3$ and $Al_2O_3-B_2O_3$（5-30wt% B_2O_3）systems obtained by boric acid impregnation ［J］. Journal of Catalysis, 1998, 173（2）: 333-344.

［135］SHANNON R D. Revised effective ionic radii and systematic studies of interatomic distances in halides andchalcogenides ［J］. Acta Crystallographica Section A, 1976, 32（5）: 751-767.

［136］WANG W, HU S, LI L, et al. Octahedral-based redox molecular sieve M-PKU-1: isomorphous metal-substitution, catalytic oxidation of sec-alcohol and related catalytic mechanism ［J］. Journal of catalysis, 2017, 352: 130-141.

［137］PAN Y, LIN Y, LIU Y, et al. A novel CoP/MoS2-CNTs hybrid catalyst with Pt-like activity for hydrogen evolution ［J］. Catalysis Science & Technology, 2016, 6（6）: 611-615.

［138］BUYUKCAKIR O, JE S H, CHOI D S, et al. Porous cationic polymers: the impact of counteranions and charges on CO_2 capture and conversion [J]. Chemical Communications, 2016, 52 (5): 934-937.

[139] CYCHOSZ K A, GUILLET-NICOLAS R, GARCÍA-MARTÍNEZ J, et al. Recent advances in the textural characterization of hierarchically structured-nanoporous materials [J]. Chemical Society Reviews, 2017, 46 (2): 389-414.

[140] NAYAK P K, SENDNER M, WENGER B, et al. Impact of Bi^{3+} heterovalent doping in organic-inorganic metal halide perovskite crystals [J]. Journal of the American Chemical Society, 2018, 140 (2): 574-577.

[141] LÉVY F, HONES P, SCHMID P E, et al. Electronic states and mechanical properties in transition metal nitrides [J]. Surface and Coatings Technology, 1999, 120: 284-290.

[142] LIAO H G, ZHEREBETSKYY D, XIN H, et al. Facet development during platinumnanocube growth [J]. Science, 2014, 345 (6199): 916-919.

[143] TIAN D, YAN W, CAO X, et al. Morphology changes of transition-metal - substituted aluminophosphate molecular sieve $AlPO_4 - 5$ crystals [J]. Chemistry of Materials, 2008, 20 (6): 160-164.

[144] KLUG M T, OSHEROV A, HAGHIGHIRAD A A, et al. Tailoring metal halide perovskites through metal substitution: influence on photovoltaic and material properties [J]. Energy & Environmental Science, 2017, 10 (1): 236-246.

[145] GIBBS J W. The Collected Works of J [M]. New Haven: Yale University Press, 1999.

[146] WULFF, G. XXV. Zur frage der geschwindigkeit des wachstums und der auflsung der krystallflchen [J]. Zeitschrift Für Kristallogra Phie-Crystalline Materials, 1901, 34: 449-530.

[147] TIAN N, ZHOU Z Y, SUN S G, et al. Synthesis of tetrahexahedral platinum nanocrystals with high-index facets and high electro-oxidation activity [J]. Science, 2007, 316 (5825): 732-735.

[148] XIA Y, XIONG Y, LIM B, et al. Shape-controlled synthesis of metalnanocrystals: simple chemistry meets complex physics? [J]. Angewandte Chemie International Edition, 2009, 48 (1): 60-103.

[149] TAO A R, HABAS S, YANG P. Shape control of colloidal metalnanocrystals [J]. Small, 2008, 4 (3): 310-325.

[150] WANG W, ZHANG S, HU S, et al. Octahedron-based redox molecular sieves M-PKU-1 (M = Cr, Fe): a novel dual-centered solid acid catalyst

for heterogeneously catalyzed Strecker reaction [J]. Applied Catalysis A: General, 2017, 542: 240-251.

[151] CHAKRABORTY S, PISZEL P E, BRENNESSEL W W, et al. A single nickel catalyst for the acceptorless dehydrogenation of alcohols and hydrogenation of carbonyl compounds [J]. Organometallics, 2015, 34 (21): 5203-5206.

[152] SHIN E J, KEANE M A. Catalytic hydrogen treatment of aromaticalcohols [J]. Journal of Catalysis, 1998, 173 (2): 450-459.

[153] GEORGE S R D, FRITH T D H, THOMAS D S, et al. Puttingcorannulene in its place. Reactivity studies comparing corannulene with other aromatic hydrocarbons [J]. Organic & Biomolecular Chemistry, 2015, 13 (34): 35-41.

[154] SEMMELHACK M F, SCHMID C R, CORTES D A, et al. Oxidation of alcohols to aldehydes with oxygen and cupric ion, mediated bynitrosonium ion [J]. Journal of the American Chemical Society, 1984, 106 (11): 374-376.

[155] HANYU A, TAKEZAWA E, SAKAGUCHI S, et al. Selective aerobic oxidation of primary alcohols catalyzed by a Ru (PPh$_3$)$_3$Cl$_2$/hydroquinone system [J]. Tetrahedron letters, 1998, 39 (31): 557-560.

[156] VELUSAMY S, SRINIVASAN A, PUNNIYAMURTHY T. Copper (II) catalyzed selective oxidation of primary alcohols to aldehydes with atmosphericoxygen [J]. Tetrahedron Letters, 2006, 47 (6): 923-926.

[157] PARMEGGIANI C, CARDONA F. Transition metal based catalysts in the aerobic oxidation ofalcohols [J]. Green Chemistry, 2012, 14 (3): 547-564.

[158] WANG L, SHANG S S, LI G, et al. Iron/ABNO-catalyzed aerobic oxidation of alcohols to aldehydes and ketones under ambient atmosphere [J]. The Journal of organic chemistry, 2016, 81 (5): 189-193.

[159] XU B, LUMB J P, ARNDTSEN B A. A TEMPO-free copper-catalyzed aerobic oxidation of alcohols [J]. Angewandte Chemie, 2015, 127 (14): 282-285.

[160] KARIMI B, ROSTAMI F B, KHORASANI M, et al. Selective oxidation of alcohols with hydrogen peroxide catalyzed by tungstate ions (WO$_4^=$) supported on periodic mesoporous organosilica with imidazolium frameworks (PMO-IL) [J]. Tetrahedron, 2014, 70 (36): 114-119.

[161] NISHIMURA T, ONOUE T, OHE K, et al. Palladium (II) -catalyzed oxidation of alcohols to aldehydes and ketones by molecularoxygen [J]. The Journal of Organic Chemistry, 1999, 64 (18): 750-755.

［162］ KUMAR R, SITHAMBARAM S, SUIB S L. et al. Cyclohexane oxidation catalyzed by manganese oxide octahedral molecular sieves－effect of acidity of the catalyst ［J］. Journal of Catalysis, 2009, 262 （2） : 304-313.

［163］ BARTON D H R, GLOAHEC V N L, PATINH , et al. Radical chemistry of tert－butyl hydroperoxide （TBHP）. Part 1. Studies of the FeIII－TBHP mechanism ［J］. New Journal of Chemistry, 1998, 22 （6）: 559-563.

［164］ LIU W, LI Y, LIU K, et al. Iron-catalyzed carbonylation－peroxidation of alkenes with aldehydes and hydroperoxides ［J］. Journal of the American Chemical Society, 2011, 133 （28）, 756-759.

［165］ BIGELEISEN J. The relative reaction velocities of isotopic molecules ［J］. The Journal of Chemical Physics, 1949, 17 （8）: 675-678.

［166］ CHEN Z, YEXENIA N Q, JACK R, et al. Isotope effects, dynamic matching, and solvent dynamics in a wittig reaction. Betaines as bypassed intermediates ［J］. Journal of the American Chemical Society, 2014, 136(38): 122-125.

［167］ DIXIT P S, SRINIVASAN K. Effect of a clay support on the catalytic epoxidation activity of a manganese （III） －Schiff base complex ［J］. Inorganic Chemistry, 1988, 27: 507-509.

［168］ DAS T N, DHANASEKARAN T, ALFASSI Z B, et al. Reduction potential of the tert－butylperoxyl radical in aqueous solutions ［J］. Journal of Physical Chemistry A, 1998, 102: 280-284.

［169］ FIGUEIREDO H, SILVA B, QUINTELAS C, et al. Immobilization of chromium complexes in zeolite Y obtained frombiosorbents: synthesis, characterization and catalytic behaviour ［J］. Applied Catalysis B: Environmental, 2010, 94 （1-2）: 1-7.

［170］ SAMANTA S, MAL N K, BHAUMIK A, et al. Mesoporous Cr-MCM-41: an efficient catalyst for selective oxidation of cycloalkanes ［J］. Journal of Molecular Catalysis A: Chemical, 2005, 236 （1-2）: 7-11.

［171］ MALLAT T, BAIKER A. Oxidation of alcohols with molecular oxygen on solid catalysts ［J］. Chemical Reviews, 2004, 104: 37-58.

［172］ AYARI F, MHAMDI M, J R, et al. Selective catalytic reduction of NO with NH_3 over Cr-ZSM-5 catalysts: general characterization and catalysts screening ［J］. Applied Catalysis B: Environmental, 2013, 134-135: 367-380.

［173］ SMEETS P J, WOERTINK J S, SELS B F, et al. Transition-metal ions in zeolites: coordination and activation of oxygen ［J］. Inorganic Chemistry,

2010, 49: 573-583.

[174] SHELDON R A, WALLAU M, ARENDS I W C E, et al. Heterogeneous catalysts for liquid-phase oxidations: philosophers' stonesor trojan horses [J]. Accounts of Chemical Research, 1998, 31: 485-493.

[175] HARTMANN M, KEVAN L. Transition-metal ions in aluminophosphate and silicoaluminophosphate molecular sieves: location, interaction with adsorbates and catalytic properties [J]. Chemical Reviews, 1999, 99: 635-665.

[176] HARTMANN M, KEVAN L. Transition-metal ions in aluminophosphate and silicoaluminophosphate molecular sieves: location, interaction with adsorbates and catalytic properties [J]. Chemical Reviews, 1999, 99: 635-665.

[177] GONG F, WANG L, LI D, et al. An effective heterogeneous iron-based catalyst to activate peroxymonosulfate for organic contaminants removal [J]. Chemical Engineering Journal, 2015, 267: 102-110.

[178] SHA J, ZHENG E J, ZHOU W J, et al. Selective oxidation of fatty alcohol ethoxylates with H_2O_2 over Au catalysts for the synthesis of alkyl ether carboxylic acids in alkaline solution [J]. Journal of Catalysis, 2016, 337: 199-207.

[179] HWANG S, HULING S G, KO S. Fenton-like degradation of MTBE: effects of iron counter anion and radical scavengers [J]. Chemosphere, 2010, 78 (5): 563-568.

[180] ZHANG L L, XU D, HU C, et al. Framework Cu-doped $AlPO_4$ as an effective Fenton-like catalyst for bisphenol A degradation [J]. Applied Catalysis B: Environmental, 2017, 207: 9-16.

[181] ZHANG L L, XU D, HU C, et al. Framework Cu-doped $AlPO_4$ as an effective Fenton-like catalyst for bisphenol A degradation [J]. Applied Catalysis B: Environmental, 2017, 207: 9-16.

[182] MORENO-GONZÁLEZ M, PALOMARES A E, CHIESA M, et al. Evidence of a Cu^{2+}-alkane interaction in Cu-zeolite catalysts crucial for the selective catalytic reduction of NOx with hydrocarbons [J]. ACS Catalysis, 2017, 7 (5): 501-509.

[183] CHATTERJEE M, BHATTACHARYA D, VENKATATHRI N, et al. Synthesis, characterization and catalytic properties of two novelvanado-aluminosilicates with EU-1 and ZSM-22 structures [J]. Catalysis Letters, 1995, 35: 313-326.

[184] VENKATATHRI N, VINOD M, VIJAYAMOHANAN K, et al. Cy-

clicvoltammetric studies of vanadium in V molecular sieves [J]. Journal of the Chemical Society, Faraday Transactions, 1996, 92: 473-478.

[185] VENKATATHRI N. Synthesis and characterization of vanadium containing ATO - and AFO - type molecular sieves [J]. Applied Catalysis A: General, 2003, 242 (2): 393-401.

[186] VENKATATHRI N. Synthesis, characterization and catalytic properties of vanadium aluminophosphate molecular sieves VAPO-31 and VAPSO-Amr from non-aqueous media [J]. Applied Catalysis A: General, 2006, 310: 31-39.

[187] GANESAN R, VISWANATHAN B. Redox properties of bis (8 - hydroxyquinoline) manganese (II) encapsulated in various zeolites [J]. Journal of Molecular Catalysis A: Chemical, 2004, 223 (1-2): 21-29.

[188] SELVAM T, VINOD M P. A novel efficient synthesis and characterization of crystalline chromium-silicate molecular sieves with MFI structure [J]. Applied Catalysis A: General, 1996, 134: 197-201.

[189] VALDEN M, LAI X, Goodman D W. Onset of catalytic activity of gold clusters on titania with the appearance of nonmetallic properties [J]. Science, 1998, 281: 647-650.

[190] DUTTA B, BISWAS S, SHARM V, et al. Mesoporous manganese oxide catalyzed aerobic oxidative coupling of anilines to aromatic azo compounds [J]. Angewandte Chemie International Edition, 2016, 55 (6): 171-175.

[191] BIESINGER M C, BROWN C, MYCROFT J R, et al. X-ray photoelectron spectroscopy studies of chromium compounds [J]. Surface and Interface Analysis, 2004, 36 (12): 550-563.

[192] AMRUTE A, MONDELLI C, PÉREZ-RAMÍREZ J P, et al. Kinetic aspects and deactivation behaviour of chromia-based catalysts in hydrogen chloride oxidation [J]. Catalysis Science & Technology, 2012, 2 (10): 2057.

[193] LIU T F, ZOU L, FENG D, et al. Stepwise synthesis of robust metal-organic frameworks viapostsynthetic metathesis and oxidation of metal nodes in a single-crystal to single-crystal transformation [J]. Journal of the American Chemical Society, 2014, 136 (22): 813-816.

[194] MAKSIMCHUK N V, KOVALENKO K A, FEDIN V P, et al. Cyclohexane selective oxidation over metal-organic frameworks of MIL-101 family: superior catalytic activity and selectivity [J]. Chemical Communications, 2012, 48 (54): 6812.

[195] DHAKSHINAMOORTHY A, ALVARO M, GARCIA H, et al. Metal organicframeworks as efficient heterogeneous catalysts for the oxidation of benzylic compounds with t-butylhydroperoxide [J]. Journal of Catalysis, 2009, 267（1）: 1-4.

[196] SHELDON R A, WALLAU M, ARENDS I W C E, et al. Heterogeneous catalysts for liquid-phase oxidations: philosophers' stonesor trojan horses [J]. Accounts of Chemical Research, 1998, 31: 485-493.

[197] PUNNIYAMURTHY T, VELUSAMY S, IQBAL J, et al. Recent advances in transition metal catalyzed oxidation of organic substrates with molecular oxygen [J]. Chemical Reviews, 2005, 105: 329-363.

[198] STUDER A, CURRAN D P. Catalysis of radical reactions: a radical chemistry perspective [J]. Angewandte Chemie International Edition, 2016, 55: 58-102.

[199] ANAND R, HAMDY M, GKOURGKOULAS P, et al. Liquid phase oxidation of cyclohexane over transition metal incorporated amorphous 3D-mesoporous silicates M-TUD-1（M=Ti, Fe, Co and Cr）[J]. Catalysis Today, 2006, 117（1-3）: 279-283.

[200] LI K, ZHOU D, DENG J J, et al. Highly efficient catalytic oxidation of cyclohexanol with TBHP over Cr-13X catalysts in a solvent-free system [J]. Journal of Molecular Catalysis A: Chemical, 2014, 387: 31-37.

[201] ZHOU W J, WISCHERT R, XUE K, et al. Highly selective liquid-phase oxidation of cyclohexane to KA oil over Ti-MWW catalyst: evidence of formation of oxyl radicals [J]. ACS Catalysis, 2013, 4（1）: 53-62.

[202] MINISCI F, FONTANA F. Mechanism of the Gif-Barton type alkane functionalization by halide and pseudohalide ions [J]. Tetrahedron Letters, 1994, 35: 427-430.

[203] DHAKSHINAMOORTHY A, ALVARO M, GARCIA H. Metal organic frameworks as efficient heterogeneous catalysts for the oxidation of benzylic compounds with t-butylhydroperoxide [J]. Journal of Catalysis, 2009, 267（1）: 1-4.

[204] ROUT S K, GUIN S, GHARA K K, et al. Copper catalyzed oxidative esterification of aldehydes with alkylbenzenes via cross dehydrogenative coupling [J]. Organic Letters, 2012, 14（15）: 982-985.

[205] ROTHENBERG G, FELDBERG L, WIENER H, et al. Copper-catalyzed homolytic and heterolytic benzylic and allylic oxidation using tert-butyl hy-

droperoxide [J]. Journal of the Chemical Society, Perkin Transactions, 1998, 2: 429-434.

[206] RABIÓN A, CHEN D S, WANG J, et al. Biomimetic oxidation studies. 9. Mechanistic aspects of the oxidation of alcohols with functional, active site methane monooxygenase enzyme models in aqueous solution [J]. Journal of the American Chernical Society, 1995, 117: 356-357.

[207] RABIÓN A, CHEN D S, WANG J, et al . Biomimetic oxidation studies. 9. Mechanistic aspects of the oxidation of alcohols with functional, active site methanemonooxygenase enzyme models in aqueous solution [J]. Journal of the American Chemical Society, 1995, 117: 356-357.

[208] CARVALHO N, HORNJR A, ANTUNES O A C, et al. Cyclohexane oxidation catalyzed by mononuclear iron (III) complexes [J]. Applied Catalysis A: General, 2006, 305 (2): 140-145.

[209] MINISCI F, FONTANA F, ARANEO S, et al. Kharasch and metalloporphyrin catalysis in the functionalization of alkanes, alkenes, and alkylbenzenes by t-BuOOH. Free radical mechanisms, solvent effect and relationship with the Gif reaction [J]. Journal of the American Chemical Society, 1995, 117: 226-232.

[210] FUJITA M, FUKUZUMI S. No significant stereoelectronic effects of lsopropyl group in photoaddition of alkylbenzene derivatives with 10-methylacridinium ion via photoinduced electron transfer [J]. Journal of the Chernical Society, Chemical Communications, 1994 (16): 823-824.

[211] MINISCI F, FONTANA F. Homolytic alkylation of heteroaromatic bases: the problem of monoalkylation [J]. Tetrahedron letters, 1994, 35 (9): 427-430.

[212] ARENDS I W C E, SHELDON R A. Activities and stabilities of heterogeneous catalysts in selective liquid phase oxidations: recent developments [J]. Applied Catalysis A: General, 2001, 212: 175-187.

[213] JIA M, SEIFERT A, THIEL W R, et al. Mesoporous MCM-41 materials modified with oxodiperoxo molybdenum complexes: efficient catalysts for the epoxidation of cyclooctene [J]. Chemistry of Materials, 2003, 15: 174-180.

[214] SÁDABA I, GRANADOS M L, RIISAGER A, et al. Deactivation of solid catalysts in liquid media: the case of leaching of active sites in biomass conversion reactions [J]. Green Chemistry, 2015. 17 (8): 133-145.

[215] Bennett E L, Lawrence E J, Blagg R J, Mullen A, MacMillan F,

Ehlers A, Scott D, Sapsford J, Ashley Andrew, Wildgoose G, Slootweg C, A New Mode of Chemical Reactivity for Metal-Free Hydrogen Activation by Lewis Acidic Boranes [J]. Angewandte Chemie International Edition, 2019, 58 (25): 8362-8366.

[216] Waterman R. σ-Bond metathesis: a 30-year retrospective [J]. Organometallics, 2013, 32 (24): 7249-7263.

[217] Fang H, Oestreich M. Defunctionalisation catalysed by boron Lewis acids [J]. Chemical Science, 2020, 11 (47): 12604-12615.

[218] 张亨杰. 碳基固体酸催化剂催化合成丙酮缩甘油的研究 [D]. 浙江大学, 2019.

[219] Fujita S, Yamanishi Y, Arai M. Synthesis of glycerol carbonate from glycerol and urea using zinc-containing solid catalysts: A homogeneous reaction [J]. Journal of catalysis, 2013, 297: 137-141.

[220] Li Y Y, Tsang S C E. Unusual Catalytic Properties of High-Energetic-Facet Polar Metal Oxides [J]. Accounts of chemical research, 2020, 54 (2): 366-378.

[221] Chuan Q, Bo H, Wang J G, Wang Q, Wang G, Yu M T, Chen C B, Jia L T, Li D B. Crystal-Plane-Dependent Fischer-Tropsch Performance of Cobalt Catalysts [J]. ACS Catalysis, 2018, 8 (10): 9447-9455.

[222] He Y, Laursen S. Controlling the surface chemistry towards unsaturated carbon-carbon bonds over non-oxide transition metal ceramics: Trends in adsorption and distortion energies and adsorbate "activation" [J]. Surface Science, 2019, 6861-9.

[223] Qiang Z, Chen G R, Wang Y Y, Chen M Y, Guo G Q, Shi J, Luo J, Yu J H, High-Quality Single-Crystalline MFI-Type Nanozeolites: A Facile Synthetic Strategy and MTP Catalytic Studies [J]. Chemistry of Materials, 2018, 30 (8): 2750-2758.

[224] Chang L, Feng W, Xia Y Jiang Q Z, Dong A G, Chen Y, Hard-templated engineering of versatile 2D amorphous metal oxide nanosheets [J]. Nanotechnology, 2022, 33 (24).

[225] Wang W, Zeng X K, Dang Y L, Ouyang P, Zhang H D, Jiang G M, Dong F, Yang T, Suib L S, He Y, Fe doped aluminoborate PKU-1 catalysts for the ketalization of glycerol to solketal: Unveiling the effects of iron composition and boron [J]. Chinese Chemical Letters, 2022, 33 (03): 1346-1352.

［226］Niu C, Shi X Y, Liu F D, Liu K, Xie L J, You Y, He H, High hydrothermal stability of Cu-SAPO-34 catalysts for the NH_3-SCR of NO_x）［J］. Chemical Engineering Journal, 2016, 294, 254-263.

［227］Liu B, Xiao X, Yu J, Mao D, Lu G, Influence of synthesis conditions on the morphologies of $ReBO_3$ microstructures and white light emission of YBO_3：Eu^{3+} phosphors prepared by an oleic acid-assisted hydrothermal method ［J］. RSC Advances, 2016, 6, 69442-69453.

［228］Chu W, Li X, Zhu X, Xie S, Guo C, Liu S, Chen F, Xu L, Size-controlled synthesis of hierarchical ferrierite zeolite and its catalytic application in 1-butene skeletal isomerization ［J］. Microporous and Mesoporous Materials, 2017, 240：189-196.

［229］Oleksiak M D, Muraoka K, Hsieh M F, Conato M, Shimojima A, Okubo T, Chaikittisilp W, Rimer J. Organic-Free Synthesis of a Highly Siliceous Faujasite Zeolite with Spatially Biased Q4（nAl）Si Speciation ［J］. Angewandte Chemie, 2017, 129（43）：13551-13556.

［230］Iyoki K, Kikumasa K, Onishi T, Yonezawa Y, Chokkalingam A, Yanaba Y, Matsumoto T, Osuga R, Elangovan S, Kondo J, Endo A, Okubo T, Wakihara, Extremely stable zeolites developed via designed liquid-mediated treatment ［J］. Journal of the American Chemical Society, 2020, 142（8）：3931-3938.

［231］Chu W, Li X, Zhu X, Xie S, Guo C, Liu K, Chen F, Xu L, Size-controlled synthesis of hierarchical ferrierite zeolite and its catalytic application in 1-butene skeletal isomerization ［J］. Microporous and Mesoporous Materials, 2017, 240（1）：189-196.

［232］Lee W A, Kim D, Gates D B. Determining the thickness of aliphatic alcohol monolayers covalently attached to silicon oxide surfaces using angle-resolved X-ray photoelectron spectroscopy ［J］. Applied Surface Science, 2018, 436907-911.

［233］Yang X, Ma X, Han D, Xiao M, Ma L Sun H, Yu X, Ge M, Efficient Removal of Toluene over Palladium Supported on Hierarchical Alumina Microspheres Catalyst ［J］. Catalysis Today, 2021, 375（1）：352-359.

［234］Naohisa O, Kazuaki K, Etsuro I, et al. Stabilizing the Structure of $LiCoPO_4$ Nanocrystals via Addition of Fe^{3+}：Formation of Fe^{3+} Surface Layer, Creation of Diffusion-Enhancing Vacancies, and Enabling High-Voltage Battery Operation [J]. Chemistry of Materials, 2018, 30 (19): 6675-6683.

[235] Yang T, Yu D, Wang D, Yang T, Li Z, Wu M, Petru M, Crittenden J, Accelerating Fe (Ⅲ) /Fe (Ⅱ) Cycle via Fe (Ⅱ) Substitution for Enhancing Fenton-like Performance of Fe-MOFs [J]. Applied Catalysis B: Environmental, 2021, 286 (5): 119859.

[236] Bagus P, Nelin C, Brundle C, Crist B, Lahiri N, Rosso K, Origin of the complex main and satellite features in Fe 2p XPS of Fe_2/O_3 [J]. Physical chemistry chemical physics, 2022, 24 (7): 4562-4575.

[237] Edla R, Tonezzer A, Orlandi M, et al. 3D hierarchical nanostructures of iron oxides coatings prepared by pulsed laser deposition for photocatalytic water purification [J]. Applied Catalysis B: Environmental, 2017, 219401-411.

[238] Zhang X, Pei C, Chang X, Chen S, Liu R, Zhao Z, Mu R, Gong J, FeO_6 Octahedral Distortion Activates Lattice Oxygen in Perovskite Ferrite for Methane Partial Oxidation Coupled with CO_2 Splitting. [J]. Journal of the American Chemical Society, 2020, 142 (26): 11540-11549.

[239] Silva D J M, Rodrigues A A, Pinheiro F P. Solketal synthesis from glycerol and acetone in the presence of metal salts: A Lewis or Brønsted acid catalyzed reaction? [J]. Fuel, 2020, 276.

[240] Ni S, Liu R, Rahman M, Sarker M, Chai M, Li C, Cai J, A Review On the Catalytic Pyrolysis of Biomass for the Bio-oil Production With ZSM-5: Focus On Structure) [J]. Fuel Processing Technology, 2020, 199, 106301.

[241] Sivaev B I, Bregadze I V. Lewis acidity of boron compounds [J]. Coordination Chemistry Reviews, 2014, 270-27175-88.

[242] Kumar G, Qu Z, Ghosh S, et al. Boron Lewis Acid-Catalyzed Regioselective Hydrothiolation of Conjugated Dienes with Thiols [J]. ACS Catalysis, 2019, 9 (12): 11627-11633.

[243] Li Y, Zhai G, Liu Y, Wang Z, Wang P, Zheng Z, Cheng H, Dai Y, Huang B, Synergistic effect between boron containing metal – organic frameworks and light leading to enhanced CO2 cycloaddition with epoxides [J]. Chemical Engineering Journal, 2022, 437 (1): 135363.

[244] Ma S, Zhao X, Li Y, et al. Effect of W on the acidity and redox performance of the $Cu_{0.02}FeO.2W TiOx$ (a = 0.01, 0.02, 0.03) catalysts for NH_3-SCR of NO [J]. Applied Catalysis B: Environmental, 2019, 248: 226-238.

[245] Kim Duk K, Pokhrel S, Wang Z, Ling H, Zhou C, Liu Z, Hunger M, Mädler L, Huang J. Tailoring High-Performance Pd Catalysts for Chemoselective Hydrogenation Reactions via Optimizing the Parameters of the Double-Flame Spray Pyrolysis [J]. ACS catalysis, 2016, 6 (4): 2372-2381.

[246] Urdiroz U, Palomaress F, Mayoral A, Soldatov I, Schäfer R, González J, Sanchez-Agudo M, Navarro E, Ruiz A, Alonso M, Vázquez L, Cebollada F, Role of the interfaces in the crystallization and hysteresis mechanisms of amorphous Fe-B thin films [J]. Journal of Alloys and Compounds, 2021, 869 (15): 159276.

[247] Ni F, Ma Y, Chen J, et al. Boron-iron nanochains for selective electrocatalytic reduction of nitrate [J]. Chinese Chemical Letters, 2021, 32 (06): 2073-2078.

[248] Zhai Z, Jia G, Wang Y, et al. Recent advances of anion regulated NiFe-based electrocatalysts for water oxidation [J]. Sustainable Energy & Fuels, 2021, 5 (24): 6298-6309.

[249] Hu C, Hu Y, Fan C, et al. Surface-Enhanced Raman Spectroscopic Evidence of Key Intermediate Species and Role of NiFe Dual-Catalytic Center in Water Oxidation [J]. Angewandte Chemie International Edition, 2021, 60 (36): 19774-19778.

[250] Li L, Koranyi I, Sels F B. Highly-efficient conversion of glycerol to solketal over heterogeneous Lewis acid catalysts [J]. Green chemistry, 2012, 14 (6): 1611-1619.

[251] Domínguez-BarrosoV, Herrera C, Larrubia Á M, et al. Continuous-Flow Process for Glycerol Conversion to Solketal Using a Brönsted Acid Functionalized Carbon-Based Catalyst [J]. Catalysts, 2019, 9 (7): 609-609.

[252] Pinheiro G L A, Carmo D C V J, Carvalho C D, et al. Bio-additive fuels from glycerol acetalization over metals-containing vanadium oxide nanotubes (MeVO$_x$-NT in which, Me = Ni, Co, or Pt) [J]. Fuel Processing Technology, 2019, 18445-56.

[253] Li X, Jiang Y, Zhou R, Hou Z, Layered Alpha-zirconium Phosphate: an Efficient Catalyst for the Synthesis of Solketal From Glycerol [J]. Applied Clay Science, 2019, 174 (15): 120-126.

[254] Li Z, Miao Z, Wang X, et al. One-pot synthesis of ZrMo-KIT-6

solid acid catalyst for solvent-free conversion of glycerol to solketal [J]. Fuel, 2018, 233 (1): 377-387.

[255] Vivian A, Soumoy L, Fusaro L, Louette P, Felten A, Fiorilli S, Debecker D, Aprile C, The high activity of mesoporous Ga-SiO$_2$ catalysts in the upgrading of glycerol to solketal explained by in-depth characterization [J]. Journal of Catalysis, 2021, 400, 83-92.

[256] Vivian A, Soumoy L, Fusaro L, Fiorilli S, Debecker D, Aprile C. Surface-functionalized mesoporous gallosilicate catalysts for the efficient and sustainable upgrading of glycerol to solketal [J]. Green Chemistry, 2021, 23 (1): 354-366.

[257] Wang W, Zeng X, He S, Zhang H, Jiang G, He Y, Liu Y, Dong F, Zhang X, Suib S. Understanding how the crystalline nature of Fe-promoted alumino-borate PKU-1 catalyst affects Glycerin ketalization: The systematic control of surface composition and acidity [J]. Applied Catalysis A, General, 2023, 649 (5): 118945.

[258] Wang W, Zeng X, Dang Y, et al. Fe doped aluminoborate PKU-1 catalysts for the ketalization of glycerol to solketal: Unveiling the effects of iron composition and boron [J]. Chinese Chemical Letters, 2022, 33 (03): 1346 -1352.

[259] Niu C, Shi X, Liu F, et al. High hydrothermal stability of Cu-SAPO -34 catalysts for the NH$_3$-SCR of NO$_x$ [J]. Chemical Engineering Journal, 2016, 294: 254-263.

[260] Klose S B, Jentoft C F, Joshi P, et al. In situ spectroscopic investigation of activation, start-up and deactivation of promoted sulfated zirconia catalysts [J]. Catalysis Today, 2006, 116 (2): 121-131.

[261] Aydin H, Elmusa B. Fabrication and characterization of Al$_2$O$_3$-TiB$_2$ nanocomposite powder by mechanochemical processing [J]. Journal of the Australian Ceramic Society, 2021, 57 (3): 1-11

[262] Wang G, Wang W, Zhang F, et al. Octahedron-based gallium borates (Ga-PKU-1) with an open framework: acidity, catalytic dehydration and structure-activity relationship [J]. Catalysis Science Technology, 2016, 6, 5992 -6001.

[263] Taffarel R S, Rubio J. Adsorption of sodium dodecyl benzene sulfonate from aqueous solution using a modified natural zeolite with CTAB [J].

Minerals Engineering, 2010, 23 (10): 771-779.

[264] Liu X, Hu Y, Huang J, et al. Detailed characteristics of adsorption of bisphenol A by highly hydrophobic MCM-41 mesoporous molecular sieves [J]. Research on Chemical Intermediates, 2016, 42 (9): 7169-7183.

[265] Rahaman S M, Phung K T, Hossain A M, et al. Hydrophobic functionalization of HY zeolites for efficient conversion of glycerol to solketal [J]. Applied Catalysis A, General, 2020, 592 (C): 117369-117369.

[266] You Y, Chen S, Li J, Zeng J, Chang H, Ma L, Li J. Low-temperature selective catalytic reduction of N_2O by CO over Fe-ZSM-5 catalysts in the presence of O_2 [J]. Journal of Hazardous Materials, 2020, 383 (5): 121117.

[267] Hosseinpour M, Akizuki M, Yoko A, Oshima Y, Soltani M. Novel synthesis and characterization of Fe-ZSM-5 nanocrystals in hot compressed water for selective catalytic reduction of NO with NH_3 [J]. Microporous and Mesoporous Materials, 2020, 292: 109708-109708.

[268] Maity R, Chakraborty D, Nandi S, Yadav A, Mullangi D, Vinod C, Vaidhyanathan R, Aqueous-Phase Differentiation and Speciation of Fe^{3+} and Fe^{2+} Using Water - Stable Photoluminescent Lanthanide - Based Metal - Organic Framework [J]. ACS Applied Nano Materials, 2019, 2 (8): 5169-5178.

[269] Edla R, Tonezzer A, Orlandi M, Patel N, Fernandes, Bazzanella N, Date K, Kathari D, Miotello A, 3D hierarchical nanostructures of iron oxides coatings prepared by pulsed laser deposition for photocatalytic water purification [J]. Applied Catalysis B: Environmental, 2017, 219, 401-411.

[270] RenL, Yang F, Wang C, Li Y, Liu H, Tu Z, Zhang L, Liu Z, Gao J, Xu C. Plasma synthesis of oxidized graphene foam supporting Pd nanoparticles as a new catalyst for one-pot synthesis of dibenzyls [J]. RSC Advances, 2014, 4 (108): 63048-63054.

[271] Nanda R M, Zhang Y, Yuan Z, et al. Catalytic conversion of glycerol for sustainable production of solketal as a fuel additive: A review [J]. Renewable and Sustainable Energy Reviews, 2016, 56 1022-1031.

[272] Souza E T, Padula D I, Teodoro M M, et al. Amphiphilic property of niobium oxyhydroxide for waste glycerol conversion to produce solketal [J]. Catalysis Today, 2015, 25483-89.

[273] Vivian A, Soumoy L, Fusaro L, Fiorilli S, Debecker D, Aprile C. Surface-functionalized mesoporous gallosilicate catalysts for the efficient and sus-

tainable upgrading of glycerol to solketal [J]. GREEN CHEMISTRY, 2021, 23：354-366.

[274] Saini B, Tathod A P, Saxena S K, et al. Sustainable upgrade of bio-derived glycerol to solketal through acetalization over metal-free mordenite catalysts [J]. ACS Sustainable Chemistry & Engineering, 2022, 10 (3): 1172-1181.

[275] C. M. S. I, Virira S, Mendes R, Paz F, Rocha J, Simöes M, Solketal Production via Solvent-Free Acetalization of Glycerol over Triphosphonic-Lanthanide Coordination Polymers [J]. Catalysts, 2021, 11 (5): 598-598.

[276] Vannucci J, Gatti M, Cardaci N, Nichio N, Economic feasibility of a solketal production process from glycerol at small industrial scale [J]. Renewable Energy, 2022, 190, 540-547.

[277] Ghosh A, Singha A, Auroux A, et al. A green approach for the preparation of a surfactant embedded sulfonated carbon catalyst towards glycerol acetalization reactions [J]. Catalysis Science & Technology, 2020, 10 (14): 4827-4844.

[278] Rossa V, Díaz G C, Muchave G J, et al. Production of solketal using acid zeolites as catalysts [M]. IntechOpen, 2019.

[279] Leticia S, Korili S, Gil A. Solketal Removal from Aqueous Solutions Using Activated Carbon and a Metal-Organic Framework as Adsorbents [J]. Materials, 2021, 14 (22): 6852-6852.

[280] Smith L, Cheetham A K, Morris R E, et al. On the nature of water bound to a solid acid catalyst [J]. Science, 1996, 271 (5250): 799-802.

[281] Dai Q, Yan B, Liang Y, et al. Water effects on the acidic property of typical solid acid catalysts by 3, 3-dimethylbut-1-ene isomerization and 2-propanol dehydration reactions [J]. Catalysis Today, 2017, 295, 110-118.

附　录

附录一　催化反应体系性质
对氧化还原分子筛催化性能的影响

"十四五"时期是我国进入创新国家行列之后，乘势而上迈向创新型国家前列，向建设科技强国进军的第一个五年，是新一轮科技革命与产业变革的加速扩展期，也是世界百年未有之大变局的加速演进期。当前，我国进入依靠科技创新全面塑造发展新优势的重要阶段。

开发与设计高效、廉价、绿色的催化剂，推进石化和化工行业高质量发展，是解决全球能源紧缺和环境污染问题的有效途径之一，也是《石化和化工行业"十四五"规划指南》中的主导方向。我国化工产品的产量已在全世界居于前列，但以大宗和中低端产品为主，因此，开发能够进行高价值化工产品生产的催化剂具有重要意义。

其中，分子筛被研究者们视为现代化工行业的"哲人之石"。由于该类型催化剂具备本征酸性质，因此传统的炼油及石油化工行业，该类型催化剂都是最为典型的多相催化剂之一。近年来，研究者们开始逐渐关注这类催化剂在生产精细化工中的应用。具体来说，是通过在其结构中引入含有氧化-还原活性的金属构筑氧化还原分子筛（Redox Molecular Sieves），进而扩大其催化适用范围。由于沸石催化剂本身的多样结构及孔道性质，与具有氧化-还原活性金属的性质变化，以及为引入上述金属而加入的金属络合物的理化性质结合，氧化还原分子筛可提现出优良的催化性能，也常常被称为"矿物酶"。可在温和条件（室温左右）下，对诸多液相反应体现良好的催化活性，以及可以媲美均相催化剂的优越产物选择性。尤其对多种绿色氧化剂，如分子氧（O_2）[1-2]、双氧水（H_2O_2）[3-4]及叔丁醇过氧化氢（*tert*-Butyl hydroperoxide，简称 *t*-BuOOH）[5-6]催化活性卓越。因此，氧化还原分子筛与上述清洁氧化剂的结合可作为传统氧化法合成化学品的优良替代方案。

一、不同分子筛基地的选择对催化反应活性的影响

作为容纳氧化还原活性金属的分子筛基地可通过其本身的结构性质来影响催化剂整体对反应底物，例如通过孔道尺寸对反应底物、产物以及氧化剂分子尺寸的匹配度以进行选择性吸附、活化有机物来进行选择性催化[7-8]。例如，具有 MFI 型结构且已经商用的 TS-1 分子筛，由于其本征的孔道结构就限制了其对小尺寸、低碳数碳氢化合物反应体系的应用开发，因为其孔道结构不利于对反应物分子的吸附及活化。表 1 总结了近年来开发的典型分子筛的孔道尺寸及结构类型[7]。

表 1　具有典型结构的分子筛空隙尺寸及空间维度[7,9]

名称	孔径尺寸类型	孔径尺寸具体数值	维度	适合吸附的碳氢化合物分子
A 型分子筛	LTA	4.1	3	正己烷
ZSM-5，TS-1，VS-1	MFI	5.3×5.6；5.1×5.5	3	环己烷
ZSM-11，TS-2，VS-2	MEL	5.3×5.4	3	环己烷
ZSM-23	MTT	4.5×5.2	1	环己烷
EU-1	EUO	4.1×5.7	1	环己烷
AlP_4-11	AEL	3.9×6.3	1	环己烷
ZSM-12	MTW	5.5×6.2	1	环己烷
Theta-1，ZSM-22	TON	4.4×5.5	1	环己烷

二、氧化剂的选取对催化反应结果的影响

在氧化还原分子筛主导的催化体系中，由于氧化剂如 O_2、H_2O_2 及 *t*-BuOOH 的选择（对应分子氧、过氧化氢和烷基氢氧化物这三类氧化剂）会影响氧化反应进行的路径从而改变最终的催化活性，因此，它们的选取也

非常重要。具体来说，上述氧化剂在反应过程中的参与方式为：1）自由基氧化历程；2）经由配位底物氧化，然后由氧化–还原金属介导氧化路径；3）催化氧转移[11-12]。然而，针对避免氧化反应副反应的目标来说，设计、构筑能够充分体现多相催化作用的并能够避免液相反应中自由基历程的氧化还原分子筛是目前该领域研究者的主要目标之一。

其中，催化氧转移是需要以双氧水或者烷基氢氧化物作为活性氧供体，在氧化还原金属的作用下进行的氧化反应。这种反应工艺中的氧化还原活性金属物种可能是如图 1 所示的端基氧化金属物种或过氧化金属两种。一般来说，当 Ti、Zr 及 Mo、W 等前过渡金属元素作为氧化还原分子筛中的活性组分时，氧化反应的发生主要是经由过氧化金属主导的反应路径；而由包含后过渡金属元素如 Cr、Mn 及 Fe 的氧化还原分子筛主要是通过高价端基含氧金属物种所主导的氧化反应路径。而含有第三过渡族中金属元素 V 的分子筛催化剂则可经由上述两种路径均能够发生，这主要取决于体系中反应底物的理化性质[11-12]。

图 1　过氧化金属物种催化氧化路径（红色）
及端基氧化金属催化氧化路径（蓝色）[7]

具体来说，经由过氧化金属物种催化的氧化反应历程其氧化还原活性金属其价态不会发生变化，即该金属物种是作为路易斯酸位点（易于传递电子）来增加过氧基团的氧化能力的。而端基氧化金属物种则需要经历一个两电子还原过程，随后在被氧化剂氧化进而在反应体系中发挥催化作用。基于上述论述，分子氧应该可以作为氧化剂参与端基氧化金属物种主导催化的氧化反应历程，这确实也与碳氢化合物所进行的气相氧化反应机理——Marsvan Krevelen 机制[12-13]类似。而在液相反应中，由于其中大量的自由基反应存在，与 Marsvan Krevelen 机制类似的反应路径就不常见了。

三、溶剂的选择对催化结果的影响原理

除此之外，氧化还原分子筛还具有的一个特征优势在于，可通过与合适的溶剂适当结合进而影响不同底物在催化剂表面活性位的竞争吸附顺序[7]。具体来说，分子筛可成为第二种溶剂，将反应物分子从液体混合物中提取出来[14]。另外，分子筛的孔隙尺寸及其表面亲-疏水性也能够与具有不同尺寸及理化性质的底物分子相互作用，因此进而可以决定哪些底物分子可被优先筛选出来[15]。

当 H_2O 作为反应溶剂时，这种溶剂分子将强烈地抑制 H_2O_2 的活化分解。因此，使用表面具有疏水性质的氧化还原分子筛可避免 H_2O 对活性位点毒化进而失活，也能够优先与极性低的反应物分子相互作用，进而促进反应历程的进行[7]。一般来说，含 Si 比例越高的分子筛其疏水性越强，而当其结构中被引入如二价及三价金属元素，将会逐渐降低分子筛的疏水性[16]。然而，包含四价异质金属，如 Ti^{IV}，V^{IV}，Zr^{IV} 以及 Sn^{IV} 的氧化还原硅基分子筛则被认为是表面疏水的[17]。而将 Al^{III} 引入至该类型氧化还原分子筛内时，除了会提高催化剂表面的亲水性，也能够产生一个新的 Brønsted 酸性位点，而这个 B 酸位点将会在催化反应产生不良影响[18]，因此需要进一步添加其他的成分来中和该新生 B 酸对反应的影响。因此该类反应体系更适用于无水的反应环境，及使用分子氧或者烷基氢氧化物来有助于得到目标产物的高收率。骨架中包含二价或三价金属阳离子，如 Co^{II}，Cu^{II}，Mn^{II}，Fe^{III} 以及 Cr^{III} 的氧化还原分子筛也与上述情况类似，需要使用额外的修饰方法以中和 Brønsted 酸性位点对反应活性的影响，并且需使用无水环境作为反应体系环境[7]。

四、金属活性位析出对反应结果的影响

催化剂在反应过程中的循环稳定性是决定其是否可以有工业催化应用前景的主要因素之一[19]。而对于氧化还原分子筛来说，其结构中氧化还原活性金属在反应过程中是否析出是决定其循环稳定性能的关键。然而，经过广泛的研究发现，多相催化剂中金属离子的析出是限制其发展落地的普遍问题，其本质在于金属物种与催化剂母体间的金属-氧键在反应过程被强极性溶剂或氧化剂进攻所致[20]。因此，不同的反应底物、介质及体系场所，都会影响氧化还原分子筛的活性金属程度。例如，磷铝酸盐分子筛其催化

循环稳定性无论在酸性抑或碱性环境中都不是很好，因此 CoAPO-5 分子筛在酸性环境下（反应介质中存在乙酸）催化环己烷自氧化时，活性金属 Co 的析出是很明显的[21]。并且，在反应介质中存在 NaOH 等物质的碱性体系下催化的甲酚自氧化体系，该氧化还原分子筛的 Co 析出也很明显[22]。即使是目前已经商用的氧化还原分子筛 TS-1 在碱性环境下催化酮的肟化反应也会发生金属 Ti 物种的析出。

图 2　TS-1 与 Au 形成的复合催化剂催化酮类的肟化反应［23］

尤其当活性金属并没有被真正地包裹于分子筛骨架中时，极性强的反应溶剂会轻易将金属络合物从沸石孔道内洗涤出来，进而造成氧化还原分子筛的失活。例如包含金属席夫碱的 Y 型分子筛虽然在二氯甲烷中催化活性稳定，但乙醇却极易使其失活[24]。

目前，研究者们已经发现使用诸多与结构相互作用微妙化学过程可以在一定程度上保证氧化还原分子筛中活性金属的催化稳定性。比如，在 Y 型沸石结构中封装的金属酞菁类物质就是典型的解决案例之一。例如，在 Y 型沸石腔中金属酞菁二聚体的形成及其几何畸变，以及随之而来的能量水平和氧化还原电位的变化被证明可以改变催化剂整体对碳氢化合物的选择性氧化的催化活性[25]。此外，也可以通过利用金属络合物与沸石表面的阴离子间的经典作用，抑或是与其表面的羟基直接反应形成共价键，增强彼此间的相互作用，从而避免活性金属的流失[7]。

参考文献

［1］J. M. Yang, S. L. Liu, Y. Y. Liu, et al. Review and perspectives on TS-1 catalyzed propylene epoxidation［J］, iScience, 2024, 27（3）: 109064.

［2］Q. H. Zhu, M. N. Liang, W. J. Yan, et al. Effective hierarchization of TS-1 and its catalytic performance in propene epoxidation ［J］, Microporous and Mesoporous Materials, 2019, 278: 307-313.

［3］R. J. Lewis, K. J. Ueura, Y. Fukuta, et al. Cyclohexanone ammoximation via in situ H_2O_2 production using TS-1 supported catalysts ［J］, Green Chemistry, 2022, 24: 9496-9507.

［4］C. C. Niu , X. W. Yang , Q. Q. Zhang, et al. Enhanced catalytic activity and catalyst stability in cyclohexanone ammoximation by introducing anatase into TS－1 zeolite ［J］, Microporous and Mesoporous Materials, 2023, 351: 112467.

［5］T. Miyake, K. Koike, I. Aoki, et al. Synthesis of Al-containing octahedral molecular sieves and oxidation of cyclohexane with them ［J］, Applied Catalysis A: General, 2005, 288 (1-2): 216-219.

［6］V. Mahdavi, M. Mardani, M. Malekhosseini. Oxidation of alcohols with tert-butylhydroperoxide catalyzed by Mn (II) complexes immobilized in the pore channels of mesoporous hexagonal molecular sieves (HMS) ［J］, Catalysis Communications, 2008, 9 (13): 2201-2204.

［7］I. W. C. E. Arends, R. A. Sheldon, M. Wallau, et al. Oxidative Transformations of Organic Compounds Mediated by Redox Molecular Sieves ［J］, Angewante Chemie International Edition, 1997, 36: 1144-1163.

［8］W. L. Wang, S. X. Hu, L. J. Li, et al. Octahedral-based redox molecular sieve M-PKU-1: Isomorphous metal-substitution, catalytic oxidation of sec-alcohol and related catalytic mechanism ［J］, Journal of Catalysis, 2017, 352: 130-141.

［9］P. Kumar, R. Kumar, B. Pandey. Oxidative organic transformations catalyzed by titanium- and vanadium-silicate molecular sieves ［J］, Synlett, 1995, 4: 289-298.

［10］R. A. Sheldon. Fine chemicals by catalytic oxidation ［J］. Chemtech., 1991, 21 (9): 566-576.

［11］R. A. Sheldon. Homogeneous and Heterogeneous Catalytic Oxidations with Peroxide Reagents ［J］, Topics Curr. Chem., 1993, 164: 21-43.

［12］H. A. Tahini, X. Tan, S. C. Smith. Facile CO Oxidation on Oxygen-functionalized MXenes via the Mars － van Krevelen Mechanism ［J］, ChemCatChem, 2020, 12 (4): 1007-1012.

[13] E. J. Grootendorst, Y. Verbeek, V. Ponec. The Role of the Mars and Van Krevelen Mechanism in the Selective Oxidation of Nitrosobenzene and the Deoxygenation of Nitrobenzene on Oxidic Catalysts [J], Journal of Catalysis, 1995, 157 (2): 706-712.

[14] J. Li, Z. H. Rei Gao, Q. F. Lin, et al. A 3D Extra-large Pore Zeolite Enabled by 1D-to-3D Topotactic Condensation of a Chain Silicate [J], Science, 2023, 379: 283-287.

[15] Y. C. Chai, B. Qin, B. N. Li, et al. Zeolite-encaged mononuclear copper centers catalyze CO_2 selective hydrogenation to methanol [J], National Science Review, 2023, 10 (7), nwad043.

[16] D. H. Olson, W. O. Haag, R. M. Lago. Chemical and physical properties of the ZSM-5 substitutional series [J], Journal of Catalysis, 1980, 61 (2): 390-396.

[17] T. Tatsumi, K. Yanagisawa, K. Asano, et al. Titanium Silicalites as Shape - Selective Oxidation Catalysts [J], Studies in Surface Science and Catalysis, 1994, 83: 417-424.

[18] T. Sato, J. Dakka, R. A. Sheldon. Ti substituted zeolite beta (Ti-β) catalyzed selective epoxidation of 1-octene with hydrogen peroxide [J], Stud. Surf. Sci. Catal., 1994, 84: 1853-1860.

[19] W. L. Wang, X. K. Zeng, Y. L. Dang, et al. Fe doped aluminoborate PKU-1 catalysts for the ketalization of glycerol to solketal: Unveiling the effects of iron composition and boron [J], Chinese Chemical Letters, 2022, 33: 1346 -1352.

[20] L. C. Liu, M. Lopez-Haro, J. J. Calvino, et al. Tutorial: structural characterization of isolated metal atoms and subnanometric metal clusters in zeolites [J], Nature Protocols, 2021, 16: 1871-1906.

[21] D. L. Vanoppen, D. E. De Vos, M. J. Genet, et al. Cobalt-Containing Molecular Sieves as Catalysts for the Low Conversion Autoxidation of Pure Cyclohexane [J], Angewante Chemie International Edition, 1995, 34: 560-563.

[22] M. P J. Peeters, M. Busio, P. Luyten, et al. Autoxidation ofp-cresol top-hydroxy benzaldehyde using $CoCl_2$, CoAPO-5 and CoAPO-11 [J]. Appl. Catal. A 1994, 118: 51-62.

[23] R. J. Lewis, K. Ueura, Y. Fukuta, et al. Cyclohexanone ammoximation via in situ H 2 O 2 production using TS-1 supported catalysts [J]. Green Chemis-

try，2022，24（24）：9496-9507.

[24] D. E. DeVos, F. Thibault-Starzyk, P. -P. Knops-Gerrits, et al. A critical overview of the catalytic potential of zeolite supported metal complexes [J]，Macromol. Symp.，1994，80：157-184.

[25] P. Ratnasamy , D. Srinivas. Selective oxidations over zeolite- and mesoporous silica-based catalysts：Selected examples [J]，Catalysis Today，2009，141（1-2）：3-11.

附录二：氧化还原分子筛成功应用的典型反应体系

一、烯烃氧化体系

烯烃氧化是一类重要的基础化学反应，可用来制备如醇、醛及酸等诸多高附加值有机化学品，也可以制备诸多药物中间体，因此在药物研究领域也应用广泛。因此，该类型反应无论是在实验室抑或是工业生产方面都有着重要的应用价值。

目前，钛硅分子筛尤其是 TS-1 是在烯烃氧化体系中研究最为广泛也是取得较高催化活性的氧化还原分子筛之一[1]（见图 1）。其中，使用该类催化剂催化烯烃还原化主要是为了将烯烃进行选择性环氧化目标产物，而其中主要使用的是氧化剂为 H_2O_2[2]。但是，研究表明，只有具有 MFI 型结构的 TS-1，也就是其本身具有较小孔隙结构（5.3×5.5 Å），更利于吸附、活化尺寸较小且本身为链状烯烃结构[3]。该类具备 MFI 结构的 TS-1 对分子尺寸较大的、具有环状结构的，例如环己烯氧化体系，催化活性则不太理性。此外，在该类 TS-1 主导的氧化体系中采用分子尺寸较大的过氧化叔丁酯作为氧化剂，其整体催化活性也不理性[4-7]。

图 1　TS-1 分子筛中双核 Ti 参与催化丙烯环氧化的机理探究[3]

与之相比，孔径结构较大的（7.6×6.4 Å），具有 BEA 结构的 TS-1 分子筛由于可以应用于 MFI 型结构 TS-1 活性较低的烯烃氧化体系，因此已被广泛研究应用[4, 8-10]。然而，研究表明 Ti-Al-ß 分子筛对直链烯烃的氧化活性却显著低于 TS-1，但对 TS-1 无法催化的一些烯烃，如支链烯烃和环烯烃，该较大孔径的分子筛却能使之发生氧化。

然而，若将 Al 引入至钛硅分子筛中构建如 Ti-Al-ß 分子筛，由于 Al 与基底分子筛骨架组成原子电子密度的差异，会在分子筛中形成 Brønsted 酸，因而对烯烃环氧化体系造成不良影响，需使用碱性金属醋酸盐对催化剂的 B 酸位点进行中和处理。R. A. Sheldon 团队经过试验探究发现，使用醋酸锂对 Ti-Al-ß 分子筛进行离子交换后，虽然转化率下降了 40%，但 1-辛烯环氧化反应的环氧化产物其选择性从 0% 提升至 87%[9]。此外，针对含 Al 的钛硅分子筛，若将该三价异质金属物种引入量下降，也能够有效提高反应体系中环氧化合物的选择性[11]。2020 年，Copéret 课题组在 Nature 上报道，使用 TS-1 结合 H2O2 体系可催化丙烯的选择性高效氧化制取环氧丙烯；同时，他们使用固体核磁探究发现真正的活性位点为双核 Ti，是极大的突破（见图 2）[2]。

图 2　Copéret 课题组使用固体核磁结合控制实验设计探究 TS-1 结构内不同 Ti 物种对催化体系氧活性物种的作用机制[3]

除了双氧水外，叔丁醇过氧化氢也被作为氧化剂而应用于钛硅分子筛对烯烃的环氧化催化反应中。例如，A. Corma 研究团队在含 Ti 的 ß 分子筛主导的催化体系中，以叔丁醇过氧化氢氧化烯烃，可获得选择性高达 90%以上的环氧化合物[12]。然而，他们也发现在氯苯等疏水性溶剂体系或者无溶剂反应环境下，叔丁醇过氧化氢的分解并不能够产生氧化作用，而这主要是由于疏水性的烯烃并不能够进入反应场所，即含 Ti 的 ß 分子筛的亲水性孔道结构中[13]。

相比之下，Cr 取代的硅基分子筛是应用于烯烃氧化反应的另一类主要氧化还原分子筛，其重要反应路径为催化碳碳双键的氧化断裂[14-15]。

二、芳烃的羟基化反应

使用双氧水为氧化剂，以 MFI 型结构的钛硅分子筛为催化剂，催化苯酚的羟基化反应制备对苯酚及邻苯酚是氧化还原分子筛应用于工业化生产进程的例子（见图 3）。目前，依靠自 1986 年就投入使用的该催化体系，每年依然要制备超过 10 000 吨的工业产品[16]。其中，未经修饰的 MFI 型结构的钛硅分子筛催化剂取苯酚羟基化的两种产物选择性大致为 1∶1。随后，Tuel 团队报道发现邻苯二酚主要是在 MFI 型结构的钛硅分子筛的晶体外表面生成，而对苯二酚则主要在其孔道内生成[17]。因此，通过使用焦油及其他化学品对其外表面的催化活性位进行毒化，就能够高效促进对苯二酚选择性的提高。

图3　苯酚生成对苯酚及邻苯酚的结构反应式

除了单纯的钛硅分子筛以外，含 V 的氧化还原分子筛，如 V–ZSM–48[18]，MTW–V–钛硅分子筛[19]，TON–V–钛硅分子筛[20]，以及 MFI–As–钛硅分子筛[21]都已被验证是可对苯酚羟基化有催化活性的氧化还原分子筛材料。并且在上述催化剂主导的苯酚羟基化反应中，邻苯二酚是主要产物。

而反应难度更高的苯羟基化反应，依然可以使用氧化还原分子筛，如 MEL 型结构的钛硅分子筛 TS-1、MEL 型结构含 V、Sn 分子筛及结合双氧水为氧化剂获得苯酚这一主要目标产物[22]。针对苯环上带有支链的芳烃化合物的羟基化反应，则需要使用孔径结构较大的氧化还原分子筛来催化反应[22, 23]。

三、芳烃侧链的氧化反应

含侧链的芳烃其氧化反应发生在芳基上还是侧链上主要是由于氧化还原分子筛催化剂中的活性金属种类所决定的。MEI 型结构的钛硅分子筛催化甲苯氧化反应的主要产物为邻苯酚和对苯酚[22]；而同样的基地分子筛，只改变其中引入的氧化还原活性金属为 V[22]或 Sn[22]，此时甲苯则主要生成苯甲醛及苯甲酸。

Cr 取代的氧化还原分子筛，如 Cr–MFI 及 Cr–AFI，在以叔丁醇过氧化氢或 O2 为氧化剂的情况下，也可以催化芳基烷烃高选择性地氧化生成侧链氧化的产物即芳基酮[24-25]。而使用这两种氧化剂时，反应体系中的氧化路径则会不同，比如使用 O$_2$为氧化剂时，体系中会存在自由基主导的链式反应，因此烷基芳烃会首先生成苄基过氧化物，随后在 Cr^{VI}的作用下该中间产物会分解进而生成相应的烷基酮[3]（见图4）。但是，这类含 Cr 的氧化还原分子筛虽然循环催化活性相对稳定，但是在极性溶剂及氧化剂如叔丁醇过氧化氢的存在下，活性金属 Cr 的析出却很明显，因此该类氧化还原分子筛的失活明显[26]。

$$ArCH_2R \xrightarrow{O_2} \overset{\displaystyle OOH}{\underset{\displaystyle ArCHR}{|}} \xrightarrow{CrAPO-5} ArCHR+H_2O$$

图 4 烷基芳烃在含 Cr 的氧化还原分子筛作用下，
以 O_2 为氧化剂下的氧化反应路径图解[3]

四、烷烃的氧化反应

使用骨架取代的氧化还原分子筛催化烷烃的氧化反应已被广泛地研究。根据氧化还原分子筛中取代金属的种类，大致可以分为两大类：第一类为使用前过渡金属如 Ti 和 V 为活性中心的氧化还原分子筛结合双氧水的反应体系；第二类为使用后过渡金属 Co、Mn 和 Cr 为活性中心的氧化还原分子筛结合分子氧为氧化剂的反应体系[3]。但是，这两种反应体系其中的反应路径主要为自由基反应路径。

Ramaswamy 团队在使用含 Ti 及 V 的氧化还原分子筛催化正己烷的氧化反应时发现，含 Ti 的分子筛会只催化正己烷的仲碳为反应位点发成氧化反应，而含 V 的分子筛则相反，主要催化伯碳的氧化转化[27-29]。Vetrivel 团队更是提出这种差异是由于烷烃的伯碳相比仲碳基团更易于解决分子筛六元环孔道内的 V 位点所致[28]。

含 Co[30, 31]、Cr[24] 的氧化还原分子筛也是能够催化烷烃的氧化反应的。含 Co 的磷铝分子筛 Co-APO 在无溶剂的条件下可以高效催化环烷烃的氧化反应，并且几乎没有 Co 的析出[30]。而含 Co 的磷铝分子筛 Cr-APO 也能够与分子氧或是叔丁醇过氧化氢协同高效促进环烷烃生成环己酮。

五、醇类的氧化反应

醇类本身就是一类高附加值的化学品，可以通过烷烃氧化制得。然而由于其相应的化学活泼性，醇类也更易被深度氧化，衍生为醇、醛及酸，因此催化其选择性氧化，并实现对氧化路径及反应深度的控制是极具挑战性的，这也是催化学界一直以来的研究热点。

与烯烃氧化体系类似，含 Ti 的氧化还原分子筛与 H_2O_2 结合的氧化体系也是醇类氧化领域研究的典型体系之一。研究表明，在该催化氧化反应中，仲醇的氧化反应选择性生成酮类的反应结果较好[3]，伯醇氧化反应也能取得良好的转化率，但是醛类的选择性则没有并不理想[32]。而甲醇则在该催

化氧化体系中惰性较强，因此可作为反应溶剂的选择之一

六、肟化反应

含 Ti 物种的氧化还原分子筛在双氧水以及氨的存在下，可以将体系内的酮转化为相应的肟（见图 5）。通过该体系，可为尼龙等化学品提供制备原料[3]。

$$\text{（环己酮）} +NH_2OH \longrightarrow \text{（环己酮肟）} = NOH + H_2O$$

图 5　酮的肟化反应图示

研究表明，醛的肟化比酮类的肟化更容易发生[3, 33]。而针对氧化还原分子筛来中的活性过渡金属选择来说，Ti、Cr 和 V 都可以催化上述反应肟化反应的发生。除此之外，在氧化还原分子筛的催化下，仲胺也可以一步与胺反应制备硝基酮，然而含 V 的分子筛此时的催化活性却比含 Ti 的活性要差的多[3]。

参考文献

[1] T. Tatsumi, K. Asano, K. Yanagisawa. Factors determining substrate specificity in titanium silicalite catalyzed oxidations [M] //Studies in Surface Science and Catalysis. Elsevier, 1994, 84: 1861-1868.

[2] C. P. Gordon, H. Engler, A. S. Tragl, et al. Efficient epoxidation over dinuclear sites in titanium silicalite-1 [J], Nature, 2020, 586 (7831): 708-713.

[3] I. W. C. E. Arends, R. A. Sheldon, M. Wallau, et al. Oxidative Transformations of Organic Compounds Mediated by Redox Molecular Sieves [J], Angewante Chemie International Edition, 1997, 36: 1144-1163.

[4] J. C. van der Waal, P. Lin, M. S. Rigutto, et al. Synthesis of aluminium free titanium silicate with the BEA structure using a new and selective template and its use as a catalyst in epoxidations [J], Srd. Surf. Sri. Catal. 1996, 105: 1093-1100.

[5] P. T. Tanev, M. Chibwe, T. J. Pinnavaia. Titanium-containing mesoporous molecular sieves for catalytic oxidation of aromatic compounds [J]. Nature,

1994, 368 (6469): 321-323

[6] M. A. Camblor, A. Corma, A. Martínez, et al. Selective oxidation of organic compounds over the large pore Beta-Ti zeolite [M] //Studies in Surface Science and Catalysis. Elsevier, 1993, 78: 393-399.

[7] S. Gontier, A. Tuel. Synthesis and characterization of transition metal containing mesoporous silicas [M] //Studies in Surface Science and Catalysis. Elsevier, 1995, 97: 157-164.

[8] M. S. Rigutto, R de Ruiter, J. P. M. Niederer, et al. Titanium-Containing Large Pore Molecular Sieves from Boron-Beta: Preparation, Characterization and Catalysis [M] //Studies in Surface Science and Catalysis. Elsevier, 1994, 84: 2245-2252.

[9] J. D. Chen, H. E. B. Lempers, R. A. Sheldon. Ti-Al-β and CrAPO-5 as heterogeneous catalysts for selective oxidations in the liquid phase [J]. Colloids and Surfaces A: Physicochemical and Engineering Aspects, 1995, 101 (2-3): 137-146.

[10] A. Corma, M. A. Camblor, P. Esteve, et al. Activity of Ti-Beta Catalyst for the Selective Oxidation [J]. J. Catal, 1994, 145: 151-158.

[11] M. A. Camblor, M. Constantini, A. Corma, et al. A new highly efficient method for the synthesis of Ti-Beta zeolite oxidation catalyst [J]. Applied Catalysis A: General, 1995, 133 (2): L185-L189.

[12] A. Corma, P. Esteve, A. Martinez, et al. Oxidation of olefins with hydrogen peroxide and tert-butyl hydroperoxide on Ti-beta catalyst [J]. Journal of Catalysis, 1995, 152 (1): 18-24.

[13] T. Sato, J. Dakka, R. A. Sheldon. Titanium-substituted zeolite beta (Ti-Al-β) -catalysed epoxidation of oct-1-ene with tert-butyl hydroperoxide (TBHP) [J]. Journal of the Chemical Society, Chemical Communications, 1994 (16): 1887-1888.

[14] Van derPuil N, J. C. Jansen, H. Van Bekkum. On the synthesis and characterization of Cr - silicalite - 1 [M] //Studies in Surface Science and Catalysis. Elsevier, 1994, 84: 211-218.

[15] R. Joseph, M. Sasidharan, R. Kumar, et al. Chromium silicalite-2 (CrS-2): an efficient catalyst for the chemoselective epoxidation of alkenes with TBHP [J]. Journal of the Chemical Society, Chemical Communications, 1995 (13): 1341-1342.

[16] B. Notari. Titanium silicalite: a new selective oxidation catalyst [M] //Studies in Surface Science and Catalysis. Elsevier, 1991, 60: 343-352.

[17] A. Tuel, S. Moussa-Khouzami, Y. B. Taarit, et al. Hydroxylation of phenol over TS-1: surface and solvent effects [J]. Journal of molecular catalysis, 1991, 68 (1): 45-52.

[18] A. Tuel, Y. B. Taarit. Synthesis and characterization of vanadium silicates with the ZSM-48 structure [J]. Zeolites, 1994, 14 (1): 18-24.

[19] A. Bhaumik, M. K. Dongare, R. Kumar. Synthesis of MTW-type microporous material and its vanadium-silicate analogue using a new diquaternary ammonium cation as a template [J]. Microporous Materials, 1995, 5 (3): 173 -178.

[20] M. Chatterjee, D. Bhattacharya, N. Venkatathri, et al. Synthesis, characterization and catalytic properties of two novel vanado-aluminosilicates with EU-1 and ZSM-22 structures [J]. Catalysis letters, 1995, 35: 313-326.

[21] A. Bhaumik, S. G. Hegde, R. Kumar. Low temperature, efficient synthesis of new As (V) -silicate molecular sieves with MFI topology and their catalytic properties in oxidation reactions [J]. Catalysis letters, 1995, 35: 327-334.

[22] P. Ratnasamy, R. Kumar. Selective oxidation with redox metallosilicates in the production of fine chemicals [M] //Studies in Surface Science and Catalysis. Elsevier, 1995, 97: 367-376.

[23] K. R. Reddy, A. V. Ramaswamy, P. Ratnasamy. Studies on Crystalline Microporous Vanadium Silicates: IV. Synthesis, Characterization, and Catalytic Properties of V-NCL-1, a Large-Pore Molecular-Sieve [J]. Journal of Catalysis, 1993, 143 (1): 275-285.

[24] J. D. Chen, R. A. Sheldon. Selective oxidation of hydrocarbons with O_2 over chromium aluminophosphate-5 molecular-sieve [J]. Journal of Catalysis, 1995, 153 (1): 1-8.

[25] J. D. Chen, H. E. B. Lempers, R. A. Sheldon. Synthesis, characterization and catalytic oxidation of alcohols with chromium-substituted aluminophosphates [J]. Journal of the Chemical Society, Faraday Transactions, 1996, 92 (10): 1807-1813.

[26] H. E. B. Lempers, R. A. Sheldon. The stability of chromium in chromium molecular sieves under the conditions of liquid phase oxidations with tert-butyl hydroperoxide [M] //Studies in Surface Science and Catalysis. Elsevier,

1997, 105: 1061-1068.

[27] K. R. Reddy, A. V. Ramaswamy, P. Ratnasamy. Studies on Crystalline Microporous Vanadium Silicates: IV. Synthesis, Characterization, and Catalytic Properties of V − NCL − 1, a Large − Pore Molecular − Sieve [J]. Journal of Catalysis, 1993, 143 (1): 275-285.

[28] R. Vetrivel, P. R. H. P. Rao, A. V. Ramaswamy. The Topography of Vanadium in Silicalite-2 Crystal Lattice and its Catalytic Role in the Oxyfunctionalization of Alkanes [M] //Studies in Surface Science and Catalysis. Elsevier, 1994, 83: 109-115.

[29] P. R. H. P. Rao, A. V. Ramaswamy, P. Ratnasamy. Studies on Crystalline Microporous Vanadium Silicates III. Selective Oxidation of n−Alkanes and Cyclohexane over VS-2 [J]. Journal of Catalysis, 1993, 141 (2): 604-611.

[30] D. L. Vanoppen, D. E. De Vos, M. J. Genet, et al. Cobalt − Containing Molecular Sieves as Catalysts for the Low Conversion Autoxidation of Pure Cyclohexane [J]. Angewandte Chemie International Edition in English, 1995, 34 (5): 560-563.

[31] B. Kraushaar−Czarnetzki, W. G. M. Hoogervorst, W. H. J. Stork. Oxidation of saturated hydrocarbons involving CoAPO molecular sieves as oxidants and as catalysts [M] //Studies in Surface Science and Catalysis. Elsevier, 1994, 84: 1869-1876.

[32] F. Maspero, U. Romano. Oxidation of alcohols with H2O2 catalyzed by titanium silicalite-1 [J]. Journal of Catalysis, 1994, 146 (2): 476-482.

[33] J. S. Reddy, S. Sivasanker, P. Ratnasamy. Hydroxylation of phenol over TS-2, a titanium silicate molecular sieve [J]. Journal of molecular catalysis, 1992, 71 (3): 373-381.